Action Notes
On The Spirit Of Craftsmanship

超级畅销书《工匠精神》
十周年纪念版

工匠精神
行动笔记

致匠心

— 工匠精神行动笔记 —

工匠者对国家的精髓与意义
工匠者对所在领域之匠的传承与发扬
使我永远做的是业之重与匠之本
尊专业技所做之本的匠之子孙

工匠精神
争第一手艺人, 之一一匠
从一而终, 业精于勤

工匠精神
心有所爱, 故人有所专
因人有所求, 故人有求于精
因人有所精, 故人有所敬
因人有所敬, 故人有所传

传承之志
工匠精神, 中华民族之
工匠精神, 立国兴邦之本
工匠精神, 传承民族之魂

中华工商联合出版社

图书在版编目（CIP）数据

工匠精神行动笔记 / 付守永著. -- 北京：中华工商联合出版社，2023.5
ISBN 978-7-5158-3650-8

Ⅰ. ①工… Ⅱ. ①付… Ⅲ. ①职业道德－中国 Ⅳ. ①B822.9

中国国家版本馆CIP数据核字（2023）第062443号

工匠精神行动笔记

作　　者：	付守永
出 品 人：	刘　刚
责任编辑：	于建廷　臧赞杰
插图绘制：	付晨好　张　茁　胡安然
装帧设计：	周　源
责任审读：	傅德华
责任印制：	陈德松
出版发行：	中华工商联合出版社有限责任公司
印　　刷：	北京毅峰迅捷印刷有限公司
版　　次：	2023年5月第1版
印　　次：	2023年5月第1次印刷
开　　本：	710mm×1000 mm　1/16
字　　数：	200千字
印　　张：	14.75
书　　号：	ISBN 978-7-5158-3650-8
定　　价：	45.00元

服务热线：010-58301130-0（前台）
销售热线：010-58301132（发行部）
　　　　　010-58302977（网络部）
　　　　　010-58302837（馆配部）
　　　　　010-58302813（团购部）
地址邮编：北京市西城区西环广场A座
　　　　　19-20层，100044
http://www.chgslcbs.cn
投稿热线：010-58302907（总编室）
投稿邮箱：1621239583@qq.com

工商联版图书
版权所有　盗版必究

凡本社图书出现印装质量问题，
请与印务部联系。
联系电话：010-58302915

《工匠精神》畅销十周年纪念版编撰执委会

陈　芳
北京宏昆集团董事长

刘　端
广西贵港市华隆超市有限公司总经理

陶柏明
全国五一劳动奖章获得者

马文祥
安徽老乡鸡餐饮股份有限公司董事长秘书

罗　英
新疆博雅方晖文化传媒有限责任公司董事长

张龙年
山东超和龙山腾食品有限公司董事长

周　亮
味庄（山东）餐饮管理有限公司董事长

王　源
包头新雅实业有限公司董事长

程相民
联商网副总裁兼联商东来商业研究院执行院长

导　言
工匠精神让世界更美好

2013—2023年，《工匠精神：向价值型员工进化》畅销十周年，我把本书的出版设定为"《工匠精神》畅销十周年纪念版"。能够看到此书的朋友，那一定是有特别的缘分，感恩！惜福！致敬十年，致敬经典。

我清晰记得胖东来员工是《工匠精神：向价值型员工进化》的第一批读者，2013年图书还未出版上市，胖东来董事长于东来先生在微博上看到图书的信息，便热情、真诚地邀请我到胖东来参访考察，深入研讨工匠精神，并一次性订购图书15000册，让全体员工学习工匠精神，工匠精神开始了在中国大地上的传播。于东来先生说："企业培养的应该是工匠，不是工具"，一语道出胖东来成为中国零售企业典范的经营真谛。在此，我要特别感谢于东来先生对工匠精神的先期传播与大力推介。

有媒体把我誉为"中国工匠精神传播第一人"，我不反驳。从2013年开始，我不遗余力地传播工匠精神，截至目前已经出版6本关于工匠精神的著作，全球范围内或许也是独一无二，我为自己作为中国人贡献的这一点点成绩感到骄傲与自豪！

在该书导言中，我想向全球读者解答三个问题：

第一个问题：什么是工匠精神？

工匠精神要想落地生根，指导企业与个人去行动，要先明晰什么是工匠精神，即工匠精神的定义是什么。过去我把工匠精神定义为"把产品做到极致的精神"，通过对全球工匠精神的持续深入的研究以及对很多企业的辅导与服务，尤其是通过现场实践的研究，再次加深与升华了我对工匠精神的理解，所以本书中对工匠精神的定义进行了升级，即工匠精神就是把品质做到极致的精神。品质是工匠精神的那根金线，是核心抓手，也是践行工匠精神的终极之道，更是指导企业与个人践行工匠精神的"世界通用语言"。

第二个问题：工匠精神有用吗？

无论你从事的是制造业、科技业还是服务业，无论你是在国内市场还是国际市场，品质决定成败。品质复兴一个国家，复兴一个企业，品质提升品位，品质光大品牌，品质为王，品质取胜，唯有品质方可畅销全球，经久不衰。对于企业而言，品质从哪里来？第一，品质来自企业实施"全面品质管理"；第二，品质来自企业持续的人才教育。企业能够提供高品质的产品与服务的那条金线就是工匠精神！

企业需要工匠精神，每个人也都需要工匠精神。无论你从事什么职业，身处什么岗位，乃至经营家庭、教育孩子，都需要工匠精神，工匠精神可以帮助我们每个人树立正确的工作观、职业观、人生观和世界观，提升我们的认知。工匠精神就像人生的导航仪，指引我们在正确的航道上前行，让我们的人生活出价值、活出意义、活出荣耀。

践行工匠精神对每个人来说就是打磨自己的人格，通过持续地打磨，成匠人，做匠事，出匠品，最终做一名幸福工匠。

第三个问题：工匠精神过时了？

在传播工匠精神的这些年，关于工匠精神的"过时论""无用论"从未间断过，纵观全球，无论经济如何发展，科技如何进步，工匠精神依然是支撑企业实现高质量发展的基石。

我们要理性面对市场诱惑，学习那些优秀者在今天依然坚守的工匠精神，不简单仿制、不一味追求数量、不满足现状，坚持慢工出细活，以更高的要求、更严的标准、更优的技术把每一个产品都做成质量过硬的精品。

我们要摒弃一夜暴富、不劳而获、走捷径的思想。王阳明说过："坐中静，破焦虑之贼，舍中得，破欲望之贼，事上练，破犹豫之贼。三贼皆破，万事皆成。"

在很多国家和地区，工匠精神已经成为一种国民精神，深深根植于国民的价值观和生活习惯之中。用诚实、勤劳、有爱、不走捷径的工匠精神价值观，走人生正道，走光明大道。所以在这里我要大声疾呼：工匠精神永不过时！

工匠精神有三条金线，第一条金线是品质，第二条金线是持续改善，第三条金线是坚守长期主义。所以品质的改善是永无止境的，持续改善也是永无止境的，极致是持续改善的结果，要想持续改善品质，就需要坚守长期主义。一个人只要不自弃，相信没有谁可以阻碍你进步。树要成材不可长得太快，一年生当柴，三年五年生当桌椅，十年百年的才有可能成栋梁，故要养深积厚，等待时间成长，不能太急功近利，要敢于给自己时间去验证。该养精蓄锐时，不要着急出人头地；该刻苦努力时，别企图一鸣惊人；该磨砺心智时，也不能妄求突然开悟。不要心急，通往成功最快的路，往往不是加速超车，而是脚踏实地地走好每一步。

工匠精神的践行不是一阵风，更不是三分钟热度，而是默默无闻地长期坚守与行动。通过长期践行工匠精神，让我们的产品越来越有品质，让我们的服务越来越有品质，让自己的生活越来越有品质，让自己的精神状态越来越有品质。让工匠精神活在我们的生命里，成为我们价值观的一部分，工作习惯的一部分，生活习惯的一部分。因为工匠精神让我们的生活更美好，让我们的社会更美好，让世界更美好！

把人生想明白，才能活得精彩与美好。我们毕生的任务就是做一个优秀而又独一无二的普通人，这个优秀的普通人，热爱生命，热爱生活，热爱职业，热爱世界，热爱万物，然后踏踏实实地做专做精每一天的每一件小事，开心地吃好饭、睡好觉，照顾好自己与家人，这就是幸福的味道。

诺贝尔物理学奖得主、前美国能源部部长朱棣文博士在哈佛大学毕业典礼上的演讲中说道："生命太短暂，你必须对某样东西倾注你的深情……当你白发苍苍、垂垂老矣、回首人生时，你需要为自己做过的事感到自豪。物质生活和你实现的占有欲，都不会产生自豪。只有那些受你影响、被你改变过的人和事，才会让你产生自豪。"王石说过，一个人活在这个世界上如果只做高兴的事情，那也太过浮躁了，人总要做一些不一定高兴，但是值得去做的事情。

真正的工匠，数十年如一日，耐得住寂寞，抵得住诱惑，日日不断，滴水穿石，苦心专研，在打磨极致品质的过程中享受到极大的喜悦，直至"一品入魂"[①]。

成功不是去寻找创造更大成就的事，而是一生只做一件事，直至成为行业专家，创造不可替代的价值，你就会非常"值钱"。

切记，成长比成功重要，值钱比赚钱重要，认知比能力重要。不要做随波逐流的人，过去、现在、未来都属于有一技之长、一技之专的人，愿你视

---

① 源自日本的一个词语，意思是为了做好某个产品，把灵魂都注入其中。

工作为修行，以苦为乐，以业为根，以技为本，幸福生长。

一切幸福，都是因为爱与喜欢。

从当下开始，让我们一起做一名幸福工匠！

立即行动，行动远比答案重要……

付守永

畅销书作者、知名品牌路演营销战略咨询专家

2023 年 1 月 28 日

（癸卯年正月初七）

| 目录 |

导　言　工匠精神让世界更美好 / 001

第一章　工匠精神的变迁

　　　　知行合一：开启践行工匠精神 3.0 时代 / 003

　　　　追求极致：工匠精神演变的三个阶段 / 008

　　　　品质革命：坚守品质为王的三个维度 / 014

　　　　【案例链接】宏昆集团：用工匠精神为顾客创造非凡体验 / 019

第二章　工匠精神的21个关键词

　　　　敬事如神：信仰般的做事态度与风格 / 027

　　　　崇尚劳动：重拾劳动光荣的做人美德 / 032

　　　　心事一元：保持住内心的清净与光明 / 038

　　　　引以为豪：孕育职业的尊荣感 / 043

一技之长：好手艺才能打磨出好产品 / 049

刻苦钻研：苦练内功方能"百炼成钢" / 052

恪守标准：谨慎恭顺地遵守细节要求 / 057

岗位专家：了如指掌方成标杆榜样 / 061

精神聚焦：一辈子只专注做好一件事 / 066

凡事彻底：怀着体察与谦逊做到彻底 / 071

及时止损：成功世界里最高级的自律 / 076

一以贯之：做事要有始有终贯彻到底 / 081

将爱注入：以热爱之力成就伟大事业 / 086

顾客价值：抓牢工作为顾客创造价值 / 091

不走捷径：要有做事不折不扣的耐心 / 096

做到极致：工匠的世界没有"凑合" / 100

心存敬畏：如负泰山般的神圣责任感 / 105

效率意识：最高效率是不返工、不退步 / 109

及时复盘：坚持蓄能的自我成长方式 / 114

持续改善：追求每日工作的精进突破 / 118

知行合一：知识必须运用到实践中去 / 122

【案例链接】贵港华隆超市：践行工匠精神，成为岗位专家 / 125

第三章　做一名幸福工匠

人生，为幸福而来 / 135

幸福工匠的"三要三不要" / 143

做一名幸福工匠 / 152

幸福，是全球工匠共享的愿景 / 168

第四章　经济全球化时代的工匠精神

工匠精神的时代价值 / 179

世界各国的工匠精神及传承 / 187

经济全球化时代的工匠精神，让人类共享幸福美好生活 / 204

【案例链接】老乡鸡：品质快餐是这样炼成的 / 211

后　序　做一名工匠精神"火种"的传递者 / 218

第一章
工匠精神的变迁

工匠精神不能仅作为一种知识和信息来传播,更重要的是用来"行",用于指导人的行为,增强人的竞争力,切实提升中国品质在世界上的影响力,让人人都能做受人尊敬的中国人。

知行合一：开启践行工匠精神 3.0 时代

工匠精神，是伴随着工匠技术的发展而产生的一种精神现象。优秀的工匠精神需要长期的进化，并通过良好的心理素质进行内部的优化提升。大众对于"工匠"的认识，也从"自身觉醒"逐步走向"知"与"行"的统一。

在经历了时间的洗礼后，工匠精神走向了认知。在知识层面上，工匠们更多地关注产品的质量和技术，而非精神的塑造。工匠精神的形成影响着他们的事业，他们中的大部分人都成为岗位上的专家。

中国工匠在经济全球化浪潮的冲击下，坚守匠心、践行工匠精神，把工匠精神融入每一个生产环节，做好、做细、做精工作，不断地学习和运用自己的工作技能，在工作实践中学习并提高自己的专业素养。

1.0 时代：意识觉醒，个体探索

我国古代有"士农工商"四民之说法。春秋时期《管子·小匡》有言："士农工商四民者，国之石民也。"《淮南子·齐俗训》也说："是以人不兼官，官不兼事，士农工商，乡别州异。是故农与农言力，士与士言行，工与工言巧，商与商言数。"

二者皆强调了四民的重要性，认为"士农工商"四民平等，都是国家发展的重要推动者。其中，"工"指百工，即有手艺专长的工匠。

我国有着悠久的手工业传统，传统手工业作为古代经济结构的重要组成

部分，为古代经济社会发展提供了有力的技术支撑，是古代工匠培育及工匠精神形成的重要领域。随着传统手工业的快速发展，一些工匠艺人开始意识觉醒，进行个体探索，他们坚定自己的理想抱负和精神追求，脚踏实地、精益求精，不断锤炼自己的专业技术及职业素养。

在工匠的成长与精进过程中，依附于工匠而存在的工匠精神也逐步培育起来。从古代社会到现代社会，工匠精神从萌芽到发展再到定型经历了一个漫长的演变过程，大众对工匠精神的认知也经历了从意识觉醒到知行合一的过程。

早期的"工匠精神"还未完全定型，尚处于意识觉醒与个体探索阶段，这一过程主要经历了两个时期。

一是精神孕育期。早期的手工艺人处于技能学习的初始阶段，往往只能以学徒的身份跟着师傅打下手，根据师傅的要求和指导做一些简单的生产实践，目的是努力学习一门手艺谋生活。这一时期，手工艺人刚刚开始意识觉醒，对工匠精神还处在感性认知的低级阶段，没有形成系统的认知，专业技能也处在新手磨合期。

二是精神形成期。这一时期是工匠精神的形成期及手工艺人从学徒成为能手的转变期。学徒努力探索技能和知识，逐渐明确努力的目标和方向，并为了实现目标下定决心，在劳动中锤炼出顽强的意志。具备顽强意志的工匠做事更加执着专注，做事态度也更加认真，工匠精神由此开始慢慢形成。

在具备顽强的精神和意志后，手工艺人会更加刻苦地学习专业技能，更加执着地钻研生产技术。经过一段时间的实践后，他们的手艺会得到大幅精进，技术会越来越娴熟，工作会越来越专注。通过日积月累地实践，这些手工艺人就会成长为能独立解决问题、完成生产任务的行家能手，以及成为具备执着专注、精益求精等工匠精神的工匠。

可以说，正是中国古代工匠经过长期的个体探索，创造与开启了中国工匠精神的 1.0 时代。

2.0 时代：认知普及，甄选认定

工匠精神 1.0 时代，大众处于意识觉醒阶段，一些手工艺人开始进行个体探索。工匠精神 2.0 时代则是认知普及阶段，工匠精神逐渐定型，成为群体意识，越来越多的工匠能手成为工匠专家，越来越多的经典品牌诞生。

在工匠精神 2.0 时代，越来越多的工匠注重培育自己的工匠精神，他们摒弃浮躁、心无旁骛地投入生产；他们精雕细琢、精益求精地打磨产品；他们积极探索、敢于求变地创新技术……最终成为受人敬仰的大师。

例如，庖丁（厨师）在经过长期的个体探索之后，练就了"目无全牛"的技能，能够顺应规律并根据自己对牛的整体结构的感知而运刀。他的技能达到了"进乎技也"的高超境界，因此他一把刀用了 19 年，还像刚从磨刀石上磨出来的一样。因为具备这种高超的技艺，他也受到了世人的赞叹与尊崇，成为人们争相学习的榜样。

除了游刃有余的庖丁，还有木匠鼻祖鲁班、造纸术的革新者蔡伦、"衣被天下"的始祖黄道婆……这些古代工匠艺人在长期的劳动过程中创造出众多文明成果，推动了我国历史发展的进程。他们创造的各种生产工具、木雕石雕等手工精品，每一件都承载着精益求精、专注执着的工匠精神。

古代工匠们通过长期劳动与不断磨炼，使自己的技艺逐渐达到了出神入化的境界。技艺已经成为他们的终身追求、精神寄托和职业信仰。如果不是依靠工匠精神的支撑，匠人们也很难达到这种境界。

这一时期，"工匠精神"基本已经形成。中国古代的能工巧匠，执着专注、刻苦钻研，逐渐练就一身高超的技艺。同时，在练就高超技艺的过程中，他们逐渐形成了勤劳坚韧的品格，赢得了世人的赞誉。这些匠人是古代"工匠精神"的践行者和传播者，是手工业从业者的精神标杆。

当工匠精神成为一种群体意识之后，中国的能工巧匠们大力发扬工匠精神创造出众多精品，如气势恢宏的故宫建筑群、栩栩如生的敦煌雕塑壁画、十分精美的景德镇陶瓷、一个个经典的中华老字号品牌……随着大众对工匠精神的认知普及，中国慢慢成为一个工匠大国，工匠普遍受到社会尊崇。这昭示着中国工匠精神2.0时代的到来。

"三百六十行，行行出状元"，这句俗语昭示着社会对能工巧匠的认可和肯定。回望历史，正是一代代勇于探索、艰苦磨砺的大国工匠，用行动书写了中华民族辉煌灿烂的文明。

3.0时代：知行合一，笃行引领

在今天经济全球化的发展潮流中，中国工匠博采众长、砥砺创新，赋予工匠精神新的时代内涵和价值，并以知促行，在职业实践中积极践行工匠精神，从而开启了中国工匠精神3.0时代。

近年来，众多行业的劳动者都积极践行工匠精神，将执着专注、精益求精、一丝不苟、追求卓越的工匠精神融入生产和服务的每一个环节中，创造了中国制造的奇迹。南水北调、三峡工程、京张高铁、北斗卫星导航系统……一个个超级工程和大国重器横空出世，彰显着中国制造的硬实力。

为适应当今世界科技革命和产业变革的需要，一批批有志青年大力发扬工匠精神，积极投身新时代技能人才队伍。他们勤学苦练、勇于创新、敢为人先，在传承传统技艺的同时，开展新兴技术攻关，技能水平得到不断提高，攻克了一个个技术难题，成为引领国家科技发展的"先锋队"，为推动我国高质量发展、实施制造强国战略、全面建成社会主义现代化强国贡献智慧和力量。

进入新时代，工匠精神的时代价值更加凸显。越来越多的大国工匠积极践行工匠精神，做到内化于心外化于行。他们守匠心、践匠行，立足自己的岗位需求，把本职工作做专、做细、做精，同时加快学习岗位技能新知识，并将其付诸实践。

守匠心，热爱本职工作。匠心是工匠精神的核心和灵魂，是每一位工匠都必须具备的。"三心二意、心猿意马，是不能把工作干好的"，工匠们要热爱自己的本职工作，摒弃浮躁，深入钻研，推陈出新，练就一身真本领，精心打磨每一件产品。

践匠行，内化于心外化于行。匠行是指工匠们在职业实践中的行为。践匠行，需要明确匠行的行为特征，即执着专注、精益求精、勇于创新等。培育工匠精神，必须踏踏实实、一步一个脚印，沉下心来干工作，心无旁骛钻业务，不能为了蹭热点搞一套虚功夫。

在长期实践中，我国培育形成了"执着专注、精益求精、一丝不苟、追求卓越"的工匠精神。践行这种工匠精神，要求做到知行合一。正如习近平总书记指出："无论从事什么劳动，都要干一行、爱一行、钻一行。在工厂车间，就要弘扬'工匠精神'，精心打磨每一个零部件，生产优质的产品。在田间地头，就要精心耕作，努力赢得丰收。在商场店铺，就要笑迎天下客，童叟无欺，提供优质的服务。"

追求极致：工匠精神演变的三个阶段

工匠精神的形成并不是一蹴而就，它从出现到发现再到巩固，经历了漫长的演变过程，总体而言，大致可以分为三个阶段，即产品观阶段、品质观阶段、极致观阶段。而这三个阶段相互衔接、层层递进，展现了我国工匠精神产生与发展的脉络。工匠精神的内涵在演变过程中不断丰富、更新，最终凝聚成具有时代价值的精神文化体系。

产品观念是制造业的根源。追溯到古代，人们在制造石器的时候这种观念就已经悄然存在了。精通一种手艺的工匠本质上满足人民的实际需要，秉持着实用精神创造基本的生活价值。

随着人们需求水平的不断提高，质量观念也随之产生。匠人精神源于对细节的严格控制。质量是工匠精神在发展的进程中不断凝结的核心，要求工匠全身心地投入，在每个生产环节都能充分发挥专业水准，确保优质、高效。这是一种质的蜕变。

匠心在精，极致无极限。消费者的需要是推动产品发展的主要因素。追求极致是匠人的最高境界、是时代的指引、是工匠们毕生的追求。本着力求完美的工作态度，不断地向更专、更精的方向前进。追求极致，持续改善，不断精进，突破自我，实现自我价值，开拓新的发展道路。

1.0 阶段：产品观，岗位的源头

我国传统手工业的发展，为工匠精神的孕育提供了土壤。

人们的生产生活，尽管在时间、地域、风俗上存在差异，但在不断改进生产工具，努力加工经久耐用的物品以满足生产生活的需求上是一致的，这也就孕育了工匠精神。如果回溯历史，远古时代的人类制作石器，可以说是工匠的萌芽状态。

在不同的历史阶段，工匠精神扮演着不同的角色。所谓产品观，是工匠精神产生的阶段，也是岗位的源头。《说文解字》释义：工，巧饰也；匠，木工也。中国是最早产生工匠这一群体的，以木匠为代表的工匠文化在中华传统文化中极具代表性。最初，工匠又被称为手艺人，主要是指熟练掌握某一门手工技艺，并以此为谋生手段的一类社会群体。如木匠、鞋匠、铁匠等，这类群体的出现，可以说是

市士伯及其相关需求。例……，生活进行的生产工具、生活器皿的制造，为了满足防寒蔽体需要而进行的丝布编织等。

因此，工匠精神的孕育与产生阶段主要在于制造产品，在于寻找人们的强需求，并满足它。这一阶段的手工业活动不讲求精致与秀美，而讲求实用与朴素，工匠在实践中，秉承的是实用理性精神，将百姓的日用之器在"日常性""普适性"方面呈现价值最大化。

2.0 阶段：品质观，岗位的根基

随着社会的进步，人们的基本生活得以保障，需求层次进一步提升，对

于物品的要求也更加精细，开始注重物品的细节与品质。尤其是，随着手工业行业标准、工艺流程等内容的确定，工匠群体逐渐开始形成以质取胜、至善尽美的制造意识，而工匠精神的内涵不断丰富，逐渐进入了漫长的发展阶段，并由此形成了品质观。这一阶段，工匠精神所表现出来的是对产品的精雕细琢，对细节的严格把控，坚持将品质从0提升到1，追求至善尽美、精益求精的工作境界。

品质是工匠精神在发展过程中不断凝聚而成的内核。亚里士多德认为，"对于一个吹笛手、一个木匠或任何一个匠师，总而言之，对任何一个某种活动或实践的人来说，他们的善或出色就在于那种活动的完善"。对工匠精神而言，这种善体现在对产品的精雕细琢以及对技艺的精益求精之上。《礼记》中提出："物勒工名，以考其诚，工有不当，必行其罪，以究其情"，对于物品质量的保障，有了责任追究制度。可见，尽管东西方的工匠精神在内涵上存在一定的差异，但对于品质的追求具有相通之处。

"天下大事必作于细。"一个时代有一个时代的气质，随着时代的变革，传统与现代的交织，一切都在变，但工匠精神中对于品质的追求从未改变。品古代到现代，从庙堂到浔常巷陌，从宫廷到格力电器，你永远可以在匠者中看到守认真执着的态度，视作品如生命，千锤百炼，打造高品质器物。

为此，我们需要营造崇尚精品品质和劳动休整的时代，倡导质量至上、品质取胜的市场风尚，展现出新时代的工匠精神。产品品质，是工匠的基本准则，是岗位的根基，是企业的命脉，是中国制造业、服务业乃至科技行业前行的引擎。

中国汽车品牌一汽奔腾，以"进取不止"为核心价值理念，为消费者提供更高品质的出行。自一汽奔腾成立起，始终洞察消费者需求，将品质作为最核心的要素，在汽车市场竞争白热化阶段，依旧注重品质升级,进行品质的自我革命,以精益求精、追求卓越的工匠精神,强化品牌影响力。

一汽奔腾始终坚守工匠精神,并将其融于基因之中,精密制造,做到严格控制每一个关口的质量与细节。一汽奔腾在产品测试上,开展了一系列可靠性试验及地区适应性试验。智能驾驶方面,注重行人保护和生态安全,将同级领先的防撞吸能设计、健康黑科技"超级滤芯"等融入其中,让用户的身体与心理安全感都能实时在线。在安全方面,实力彰显"超硬、超高、超多"的安全品质。

汽车市场中,白热化竞争从未停止。如何在汽车市场中开拓出新的天地?如何把握时代趋势,将品牌影响力提升到一个新高度?品质永远是核心基调。一汽奔腾在不断推动自身发展的同时,对品质精益求精的执着追求,表达其对新时代中国汽车制造业的责任与使命的担当。

著名企业家、教育家聂圣哲曾呼吁:"中国制造"是世界给予中国的最好礼物,要珍惜这个特殊的机会,决不能轻易丢牛。随着我国转向高质量发展阶段,要求坚持以品质为核心,转变发展方式,实现永观从量变到质变的飞跃。

工匠精神是我国由制造大国走向制造强国的有力推手。我国已是全球第一制造大国,但我国的制造业实力整体不强,仍处于中低端制造阶段。因此,提品质、创品牌,提升中国品牌影响力,增强中国制造竞争力,就需要具有工匠精神的人潜心专注各个领域,在生产的每一个环节都体现出最大程度的专业和标准,保证产品的好品质和高性能。

3.0 阶段:极致观,岗位的灵魂

消费者对于商品的需求是推动商品提高质量的驱动力。随着生活水平

的逐步提高，消费者对于商品的需求不仅仅停留在质量、品质方面，更多地关注服务、审美、创意、文化内涵、个性化、价值观、环保等方面。质量与品质是消费者的首要追求；创新、文化内涵、个性化等因素也逐步成为消费者的诉求。工匠精神在坚守品质的基础上，开始向第三阶段迈进，即追求极致，追求自身技艺的极致，追求产品的极致，追求服务的极致，这也是工匠精神内涵所凝结的终极目标。

这一阶段，工匠精神的表现是精益求精，务求完美和极致，经得起时间的洗涤。如果说品质是符合标准，那么，追求极致就是超越标准，持续改善。

《庄子》中有"运斤成风"之说，意思是匠人挥动斧头可以将对方鼻翼上的粉屑砍下而不伤害鼻子一分一毫。这就是做到了极致的技艺。瑞士以制表闻名，是将一项技术发挥到极致，以顶级品质造就了顶级品牌。中华民族自古以来追求善与美，同样制作出了无数世界级品牌和具有顶级品质的器物。以匠心求极致的境界，是时代的引领，也是匠人一生的追求。

传承工匠精神，实现价值追求，是一代代工匠们独有的默契。为了立起新时代中国精神的标杆，为了推动中国制造向中国创造的迈进，新时代的大国工匠精益求精、追求极致，以务求完美的工作态度，向着更好、更精的方向不断努力奋进。

中航工业沈阳飞机工业（集团）有限公司高级技师方文墨，不断突破极限，仅凭一双手、一把锉刀、一方小小的操作台，就实现了0.00068毫米的加工公差，这仅仅相当于人头发丝直径的1/125。被誉为"火药雕刻师"的徐立平，这个世界上最会"玩刀"的男人，将火药微整雕刻这项工作做到了极致。对固体燃料进行微整雕刻，是制造火箭固体发动机的重要环节，每一刀的操作精度必须要保证在0.5毫米以内，而徐立平用100%的可靠与极致，做到了0.2毫米的精准度。胎器皿闻名的玉雕大师俞艇，打破薄胎的标准，古人规定1.6毫米以下为薄胎，而俞艇超越标准，追求"更"字，他做过最薄的薄胎器型为0.6毫米。

正所谓"技可进乎道"，如此极限的精度，源于工匠们"做就要做到最好"的坚定信念，源于对极致的追求。《尚书》有言："惟精惟一"，以匠心求极致，是"一生只做一件事"的极致用心，是优秀到不可代替的独一无二。可以说，真正的工匠心中没有顶峰，追求极致是匠人工作的状态、所从事之事的习惯。要想把产品做到极致，必须树立把100%提高到110%的信心与决心。《诗经》有言："如切如磋，如琢如磨。"真正的工匠会秉承着自律与信仰，对同一件作品一直修改润色，对那些细微到别人看不到的地方，也不放过——极致的完美就在于精益求精，却永无止境。

"道固远，笃行可至；事虽巨，坚为必成。"匠心在精，极致无极限。一个独具匠心的工匠，从态度到技艺都有其细腻之处。一个个国之重器的背后，是无数的工匠"偏毫厘不敢安"的一丝不苟、精工细作。对于奋战在各行各业的每一个人而言，追求极致、持续精进、突破自我，才能不断攀登心中的"顶峰"，实现自我价值，开辟新的发展之路。

品质革命：坚守品质为王的三个维度

对工作的专心致志是工匠精神包含的优秀品质。工作中细节注意得越多，能够达到的效果就越好。很多造成失败的小问题，都是因为"凑合思想"而引起的。这就需要工匠们从小处着手，把每个工作都做得很好，不仅能及时准确地完成工作，还能满足高水平、高品质的需求。新时代必然会出现新的问题，需要不断地学习、不断地积累新知识，才能有克服新问题的能力。

敬业精神是工匠精神的基础和前提，是一种对工作的追求。只有始终坚持敬业精神，工匠们才能对社会做出更大的贡献。一个人的职业能力，最能反映出一个人的职业精神。有敬业精神的工匠从心底里热爱工作，勇于创新，积极改正工作中的错误，对自己的工作充满了信心。

"精进"指的是工匠从心底里对工作热爱，并不断地提升自己的专业水准。身为一个手艺人，一定要刻苦学习专业知识。只有不断地努力，才能让自己的实力更上一层楼。自律自省也要时时进行。一个能够严格要求自己的工匠，能够克制自己的欲望，不受任何外界事物的干扰。不管遇到多大的阻力，他都能坚持自己的工作。面对压力、困境、挫折时要转变观念，不要将其视为压垮自己的稻草，而要将之视为激发自己潜能的驱动力。

维度一：头脑革命，根除"差不多"

早在多年前，格力电器董事长董明珠曾在公开场合发问："为什么中国那么多的企业，却生产不了消费者想要的马桶盖、电饭煲？"这一简单的发问，在一定程度上体现了当时制造业中某些人的"差不多"思维。

在"差不多"思维的误区下，匠人不愿意积极作为，抱有"多做多错、少做少错、不做不错"的态度，对工作不认真，对产品不负责，随意敷衍，直接导致了"差不多"先生常见，"差不多"现象频发。这种思维毁掉了产品，也毁掉了匠人，更毁掉了精神。

近年来，工匠精神逐渐走入人们的视线中，且备受推崇。工匠精神之所以被推崇、被弘扬，是因为它承载着匠人的执着、专注和精益求精。如今，在工匠精神的引导下，逐渐破除了过去的"差不多"的粗放思想，帮助匠人树立了锐意进取、精雕细琢的思维。

义乌时代斯巴鲁售后技术总监陈尚灯，根除"差不多"思维，始终贯彻并弘扬"工匠精神"。

在工作和学习中，陈尚灯从不忽略任何一个小细节，并且始终精益求精，即使是对待清洗螺丝这样枯燥、细小的工作，也毫不懈怠，他认真记录下每一颗螺丝的尺寸和大小。久而久之，陈尚灯拿到任何一颗螺丝都能精准判断出这颗螺丝的安装部位。陈尚灯之所以具备这一技能，就是因为他多年来对任何小事都不抱有"差不多"思维和态度，而是一丝不苟去完成。在清洗过程中，陈尚灯持续学习维修技术。不仅如此，在学习发动机拆装时，陈尚灯也十分注重反复练习，增强手感。

陈尚灯数十年如一日，坚决杜绝"差不多"思维，始终追求精益求精，始终秉持"没有最好，只有更好"的理念，在日复一日的坚守中，提升自己的专业能力，实现自己的人生价值。

有时候，越是细小的环节，越能决定整件事情的成败。而细小环节的成败往往取决于工匠是"差不多"思维，还是"精益求精"的态度。很多细节的失误和差错都是因为"差不多"引起的，差不多的材料，差不多的流程，差不多的工艺……这些都直接导致产品不合格的主要原因。

"图难于其易，为大于其细。"工匠在平凡岗位上创造了诸多不凡奇迹，大多是因为根除了"差不多"思维，小事大做、小事细做。工匠在根除"差不多"思维后，会注重从细节做起，脚踏实地地将各个环节工作做实做好。根除"差不多"思维，工匠才能积累充足的专业知识，练就过硬的专业技能；才能打造高质量产品，提供优质服务；才可以在理论中验证实践，在实践中校正理论。

根除"差不多"思维，要求工匠既能按时按量地完成工作，又能高标准、高质量地完成工作。想要根除"差不多"思维，一方面，工匠要具备一定的专业知识储备，精通专业领域；另一方面，工匠要将自己的理论知识转化为实际行动，在工作中展现出自己的专业技能，熟知工作的各个环节，严格按照要求和规定完成工作环节。

在新时代，工匠将会面对新的问题，需要寻找新的解决方法。在根除和摒弃"差不多"思维后，工匠还要不断学习以获取新知识，不断丰富自己的知识库，以便以后处理更加复杂的工作难题。

维度二：态度革命，态度决定一切

工匠精神既是一种精益求精的精神，也是一种追求细节的工作态度。在优秀工匠的职业生涯中，没有"差不多"思想，有的只是"没有最好，只有更好"的信念。即使每日都重复着相同的工作，每日都面对着同一个流程，工匠还是能在千篇一律的工作中找出不足，对其进行修改和创新。

工匠的工作态度就是要对企业负责、对产品负责、对用户负责。工匠要始终以积极向上的态度将简单、平凡的工作做细做实，踏实稳健地完成每一项工作，从而实现从细微处学习，在点滴中成长。

工匠的工作态度决定着他的事业。有的工匠抱有轻视工作、敷衍了事的态度，那么他的事业将不进反退，不能再被称为"工匠"。只有始终持有尽责、乐业、专攻的态度，工匠才能做出更多贡献，创造更多不可能。

工匠精神是一种尽责的态度。尽责是工匠精神的基础和前提。任何对社会有益的职业都是神圣的，任何对社会有益的工作都值得被尊敬。在春秋时期，孔子就主张要"执事敬""事思敬""修己以敬"。"执事敬"是要求工匠做事要严肃认真不怠慢，"事思敬"是要求工匠专心致志不懈怠，"修己以敬"是要求工匠提升自身修养保持恭敬的态度。不管工匠身处哪个行业，都应始终尽职尽责、爱岗敬业，决不能因为工作的不同而有所区别对待。

工匠精神是一种乐业的态度。梁启超在《饮冰室合集》中阐述过"有业""敬业"和"乐业"的问题和关系，他说："凡职业都是有趣味的，只要你肯继续做下去，趣味自然会发生。"有时候，工匠懈怠工作，往往是无法在工作中发现乐趣，无法感到快乐和幸福。如果工匠可以在工作中挖掘出乐趣，那么就可以长期保持一种乐业的态度，使得工匠可以发自内心地热爱工作，敢于创新善于创新，主动弥补工作漏洞。

工匠精神是一种专攻的态度。《师说》中写道："闻道有先后，术业有专攻。"工匠之所以可以被称为工匠，就是因为他们在某一领域有着专业知识和专业技能，并且能时刻以敬业的态度去开展工作。专攻是对工匠精神最好的写照，他们有着内心笃定的自信力、眼光独到的洞察力。

路虽远，行则必至；事虽难，做则必成。这句话告诉匠人，道路虽然很远，但只要走就一定可以走到；事情虽然很难，但只要去做就一定可以完成。工匠要全身心投入到工作中去，保持积极向上的工作态度，养成脚踏实地的实干精神，始终朝着既定目标砥砺前行。

维度三：行为革命，持续精进改善

想要继承并弘扬工匠精神，就要紧抓工匠精神的核心——精进。精进，是工匠通过发自内心地热爱、自律自省，凭借着爱岗敬业的态度，不断提升自己在工作领域中的专业能力。

工匠想要持续精进改善，就要从三点入手：一要始终保持热爱与好奇心，二要时刻进行自律自省，三要具备强大心理承载力。

工匠要始终保持热爱与好奇心。日本经营之神稻盛和夫说过："干好工作有两条途径，要么找一份你热爱的工作，要么热爱你所干的工作。"站在心理学角度上，人对自身投注心血的事物有着感兴趣的本能，即使每日都面对同样枯燥乏味的工作也能始终保持极大的兴趣。对工匠而言，只要始终如一、尽职尽责地付出心血，就能深耕得越细、钻研得越深，提升自己在该领域和专业的精深程度。

但如果工匠对技能和工作只是浅尝辄止、朝三暮四，那么所感受到的兴趣就只会是短暂和浅薄的。所以，工匠要始终明确自己的定位和未来发展方向，始终保持自己的热爱与好奇心。

工匠要时刻进行自律自省。如果说，对工作的热爱与好奇心可以保持工匠的动力，那么自律自省就是保障了热爱和好奇心的持续。如果工匠是个严格自律的人，那么就意味着他既可以管控自己的行为，也可以抵挡住各种诱惑。

可以说，精进需要工匠付出极大的专注力和持续力，在这一过程中也许会遭遇各种挫折和失败，或是长期卡在瓶颈期，或是工作迟迟不见成效。这些都会慢慢消磨掉工匠的热情和信心。所以，这就需要工匠以自律自省的精神去督促自己，即使遭遇各种困难，也能始终按照自己的职业发展方向前进。

工匠要具备强大的心理承载力。在精进的过程中，工匠必然会遇到各种压力、困难和失败，越是这种时候工匠越不能气馁和放弃。面对压力、困难和失败的时候，工匠要学会转化思维，不要将它们看作压垮自己的稻草，而是要将他们看作激发潜能的动力。不仅如此，工匠不要逃避失败，而是要直面并接受失败，越早接受失败，工匠越能早早地总结失败所带来的宝贵经验，更能强化自身的心理承载力，可以更加坦然地面对各种情况。

"技可进乎道，艺可通乎神。"精益始终是工匠精神的核心要义。在持续精益改善的过程中，工匠可以不断钻研技能、兢兢业业，不断改善工作漏洞。工匠以精进改善的行动，提升自身专业素养，生产出更加优秀的产品；工匠以精进改善的行动，不断完善工作的方式方法，在保证产品质量的同时，也可以提升工作效率。

【案例链接】

宏昆集团：用工匠精神为顾客创造非凡体验

新时代推动经济高质量发展，实施制造强国战略，离不开工匠精神。工匠精神具备新时代的内涵，在现代企业高质量发展进程中，具有重要的战略核心作用。工匠精神是企业的灵魂，企业立足新发展阶段，将工匠精神纳入核心价值理念与行为准则，以其为指引，坚守匠心，对产品品质、技术、服务精益求精，追求极致的顶层设计，才能成为行业标杆，汇聚砥砺前行的强劲动力。

北京宏昆集团，聚焦于酒店行业，实施多品牌战略，用精益求精的工匠精神打造"有品位、很贴心"的产品与服务，以"创造非凡体验"为使命，始终坚持做"有温度"的酒店。可以说，宏昆集团是中国企业工匠精神实践的典范，宏昆集团董事长陈芳先生对工匠精神的推崇、实践及投入，尤其是对长期主义的坚守，彰显了中国企业的使命担当与崇高追求。

产品：做精、做透、做极致

宏昆集团的产品观是：做精、做透、做极致。对待每一款产品，每一个宏昆人都精益求精，力求完美。只要能提升顾客体验，宏昆人就会不遗余力地去改善，去提升。即便是酒店房间中并不常用的烧水壶，宏昆人都极其注重其使用细节。

朗丽兹酒店是宏昆集团旗下的中高端连锁酒店品牌，创始于2021年的行业"新人"，仅仅用一年多的时间便在众多酒店品牌中闯出了"名堂"，获得市场的青睐，这般成绩的背后，是其匠心的回归与实践。朗丽兹酒店所用的烧水壶，是历经3个多月测试，从近百种水壶中挑选出来的。之所以会在一个水壶上耗费如此巨大的精力，是因为在选品的过程中，朗丽兹酒店制定了6项严格的选拔标准。

第一，水壶操作必须简单。朗丽兹酒店考虑到入住酒店的顾客形形色色，他们的年龄不同，拥有的学识也不同，对于老年人或者没接触过电子产品的顾客来说，操作太过复杂的水壶可能就会让顾客产生不好的情绪。因此，朗丽兹酒店要求水壶操作必须简单，即便是第一次入住酒店的顾客也无须借助说明书就能使用。

第二，水壶的内胆必须是一体的，不能是拼接的。对于入住酒店的顾客来说，酒店要保证顾客百分百的安全，内胆拼接式水壶存在漏水风险，尽管几率很小，但朗丽兹酒店为了保证顾客的百分百安全，毅然决然将这一风险扼杀在摇篮里。

第三，水壶烧开一次水，时间不能超过3分钟。为了给顾客创造非凡体验，朗丽兹酒店力争最大限度减少顾客等待的时间。

第四，水壶的容量必须是 600 毫升。朗丽兹酒店为顾客提供的瓶装水是 560 毫升，为了便于顾客使用，所以最终选择 600 毫升的水壶。

第五，水壶壶口的大小只能容一只手进去。之所以制定这样一条标准，是因为朗丽兹酒店发现有些顾客饥饿时会使用水壶煮方便面，一来这样做并不卫生，二来朗丽兹酒店希望顾客在感到饥饿时，可以第一时间和酒店沟通，由酒店为顾客提供一碗汤面，这样顾客的体验会更好。而允许一只手能进入就是为了方便服务人员进行清洗。

第六，水壶的电源线必须要可以盘在底座下面。朗丽兹酒店的调性是精致的，为了保证房间内的整洁，给顾客良好的入住体验，水壶的电源线必须可隐藏。

为什么要兴师动众去挑选一个顾客并不常用的水壶呢？

"因为我们要为顾客创造非凡体验，可能水壶并不会被很多顾客经常使用，但是只要有一个顾客在使用水壶的时候体验好，我们的努力就不算浪费。"

从细节处看匠心，这就是朗丽兹酒店品牌脱颖而出，实现规模化发展的密码！

服务：一心服务，真诚微笑

在宏昆集团一直传承着这样一个公式：一心服务 = 热情微笑 + 标准化 + 主动服务。每一个宏昆人从踏入宏昆的第一天，就被告知要按照公式去服务顾客，因为这个公式是宏昆集团赢得顾客的"秘密武器"。

要做一心服务这件事，不是因为它容易，而是因为它很难。它不是一句口号，更不是贴在墙上的标语，而是实实在在的行动。

首先，宏昆集团在挑选员工时，会比较注重天生爱笑、有服务热情的人。只有这样的人，才能在服务工作中体会到快乐，才能让顾客感受到最真挚的欢迎。宏昆集团从来不允许进行微笑训练，因为他们希望顾客看到的是员工发自内心的、充满感情的微笑。

其次，宏昆集团制定出科学严格的标准，并依靠持续的培训、检查，文化加制度双管齐下，确保标准执行不走样。宏昆人为了百分百把标准执行到位，进行了成百上千次的锤炼。比如每天利用例会时间进行业务培训，通过"我说你听，我做你看，你说我听，你做我看"的方式，苦练技能；通过流程问答，夯实业务；通过店长、店助、客房经理每天3轮检查，严格把关，确保标准的刚性执行等。

最后，宏昆集团始终强调，激发员工的主观能动性，强调要站在顾客的视角，根据对顾客的充分换位思考为顾客解决问题，创造更多的惊喜和感动。比如为漂泊异乡的顾客送上亲手包的饺子；陪独自看病的顾客去医院……为了能让员工提供更多更优质的服务，还要求员工每天都要学习优秀的服务案例，总结方法，学以致用。

坚持是一种习惯，更是一种能力，30年来，宏昆集团始终坚持全心全意为顾客服务，始终践行一心服务，认真、用心地接待每一位顾客，竭尽全力地为顾客创造非凡体验。

前台：完美方案，塑造极致体验

前台是一个酒店的脸面，是顾客来到酒店后体验的第一站。前台布置得是否美观、设计得是否合理就尤为关键。

为了设计出美观、舒适的前台，以便在第一时间给予顾客良好的体验，宏昆集团总部产品研发中心成立了专门的项目组，设计类似乐高一样的模块化前台，固定好尺寸和要求，制定组成配置标准，这样可以让新店能够省时省力得做出一个好用的前台。

项目组成员深入到一线采集数据，先后到5家在营门店现场调研前台功能、尺寸、储物等，之后又前往竞品酒店现场调研、测量、学习。项目组成员几乎每一天都待在前台，既观察顾客入住时的体验感，也观察员工操作时的每一个动作。

因自助入住机、人脸识别仪放置在前台台面，在现场调研过程中，项目组成员发现因高度问题，偶尔有顾客使用不便。

如何调整高度，既方便顾客使用，又不影响整个前台模块化尺寸及功能呢？

项目组成员开始记录每一位入住客人的身高，并观察顾客在使用入住机和人脸识别仪时的情况，比如有没有踮脚、有没有屈膝、有没有后退等。经过不断论证、测量、现场测试，仔细核对每个模块下降后功能是否有影响，调整会不会有其他的弊端，竞品相关尺寸调研分析，以毫米为单位上下调整深化图纸，最终验证台面下降2厘米，能够保证顾客舒适，且不影响整体外观及员工使用功能。

此外，为方便员工使用抽屉，项目组成员在各店前台现场了解、记录前台员工常用的物资，逐项统计常用存放量，测量储存物资尺寸，将每个抽屉都单独设计，将抽屉也按照储物和功能动线做了模块化定制，精细的打磨保障了后期员工的使用更便捷，提升员工工作效率。

项目组成员就这样白天收集数据，晚上对数据进行汇总，经过近1个月的努力，终于形成了第一版产品方案。但是所有人都知道，这才刚刚开始，为了保证产品的细节与品质，过会，修改，过会……经历了10余次的反复过会，修改了20多稿图纸后，才最终敲定了最完美的产品方案。

这就是宏昆集团，一家注重细节体验，潜心于产品和服务，必须精益求精，必须做到极致，厚植工匠文化，用工匠精神照亮追梦征程，用工匠精神为顾客创造非凡体验的优秀企业。

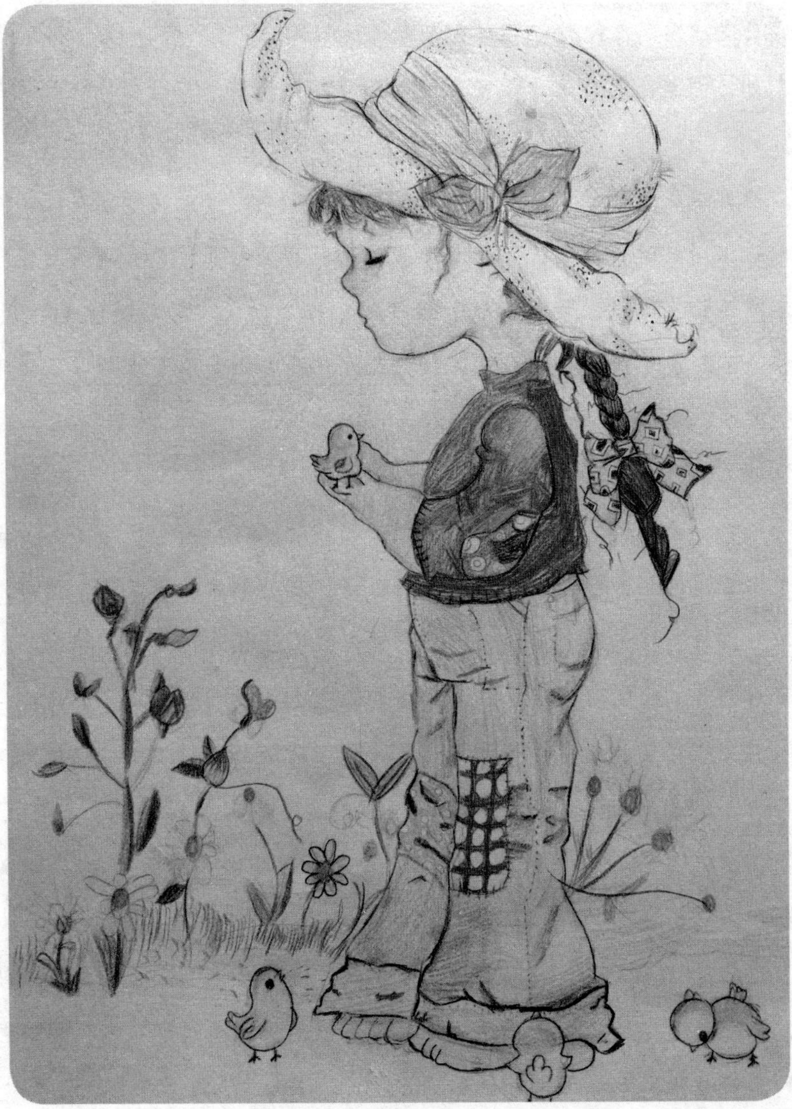

第二章
工匠精神的 21 个关键词

工匠精神有其内在特质,内在基因,纵观全球各行各业不同岗位的工匠,他们身上蕴藏着工匠精神的特质和基因,笔者把这些特质和基因总结为 21 个关键词。这 21 个关键词具有神奇的力量,是指导我们践行工匠精神的宝藏。

敬事如神：信仰般的做事态度与风格

敬事如神——用一颗恭敬、敬畏之心做事，敬畏所做之事，这是一个人做人做事的最高态度，也是工匠精神的外化。

凡是成大事者，都应将"敬事如神"作为"通往成功的定律"。会做事之前要先学会做人。人成就事，事也成就人，人与事永远是辩证统一的关系。独自一人做事，更要"敬事如神"，认真而恭敬地做好每一处细节，否则就是自己欺骗自己了。

一种态度，一分尊重

"敬事"出自《论语·学而》："敬事而信，节用而爱人。"意思是：做事需要谨慎认真，坚持诚实守信，努力节约开支，爱护人民。这是孔子谈治国理政的策略，同时展现出孔子认为"敬"在治理政治事件中的重要意义。无论身份高低，权力大小，做事都要一丝不苟。"上行下效"是人们的典型行为习惯，地位高、权力大的人不努力，结果就是"一泻千里"。懒惰，往往是很大的"威胁"，尤其对那些高高在上的人，更是如此。

"敬事"是将敬业精神坚持到底，在勤奋勉励的精神中努力成就自我，体现出忠于职守的奉献精神，体现出效力邦国、积极工作的实干精神；在敬业精神的鼓舞下，社会工作者做到恪尽职守，认真严谨、兢兢业业地开展工作。

社会中有很多默默无闻无私奉献的特殊群体，文物修复师就是其中之一。《我在故宫修文物》的纪录片将文物修复师这个长期居于幕后的职业推向前台。

他们是一群潜心于艺术工作的手艺人。其中，有一位"敬事如神"的文物修复专家——雷金明，他就职于河北省文物保护中心科技保护部。在他的办公室中悬挂着很多青铜器图片。在经历修复之前，很多文物根本看不出原样，甚至就是一堆碎片。经过他的手进行修复后，原本"面目全非"的碎片成了厚重古朴的文物，人们很难将这么精美的文物与之前的碎片联系起来。他们的工作地点并不像有些单位那样在气派非凡的大楼里，而是完全隐秘在居民小区中。窗外是车水马龙的人间烟火气，关上窗就是与世隔绝的工作台。冬天室温只有四五摄氏度。长时间在这样的温度下手都冻得拿不住笔，修复小组却已经在这里熬了3个冬季。一双双手冻得红里透白，几年来，就是这些巧手在一点一点地让破损文物恢复原本的盛世容颜。

"敬事如神"并非抽象空洞的观念，而是实实在在蕴藏于真正的工匠的点滴工作之中。

一种精神，一份信仰

我们先来思考一个问题："为什么要工作？"

有人说这是一个无聊的问题：工作就是为了挣钱，没钱怎么生活？之所以他们有这样的认识，是因为思想还没上升到一定高度。工作中最重要的就是要有工匠的信念，这是对职业精神的升华。工匠精神可以在失落的时候给人力量，可以在迷茫的时候指引前进的方向，可以让人在失败的时候变得更加强大。现今，人们基本都能达到吃饱穿暖的条件，但有些人在饱暖之后变得精神匮乏，缺乏一种昂扬的信念。刚开始工作的时候，我们为了生活工作的目的可以是赚钱。但钱绝不是我们工作唯一的目的，工作应该成为我们的事业，工作中我们要有更高的信仰，这种信仰会支撑着你完成更大的事业目标。

我国"523项目"科研的重点是研发抗疟疾新药。疟疾主要是通过蚊虫叮咬传播，也可通过输入带有疟原虫的血液而传播，是长期危害人类健康，甚至危及人类生命的流行病。早在3000多年前殷商时代就有疟疾流行的记载，一旦发生疟疾，往往百姓伤亡惨重。

屠呦呦一辈子专注一件事，默默耕耘几十载。她用自己毕生心血研制出全新抗疟疾药物——青蒿素。参加"523项目"后，屠呦呦所带领的研究团队，对历代医籍进行了系统的搜集和整理，从民间方药出发，通过反复筛选试验，终于发现一种能治疗疟疾的植物——青蒿。小小的青蒿，成了她手里的"中国神草"，拯救了数以百万计的人民群众。为了找到青蒿中的有效成分，屠呦呦和课题组同事们用各种方法进行实验，1971年10月4日，在190次失败后，191号青蒿乙醚中性提取物样品在进行抗疟实验后，结果显示对疟原虫的抑制率达到了100%。抗疟有效成分终于找到了！找到有效成分并不意味着可以马上用到疟疾治疗中，药物的毒理、毒性情况还未完全明确，还无法达到临床应用的条件。此时，疟疾传染有季节性，为了不错过当年的临床观察季节，屠呦呦向领导提交了志愿试药报告，于是屠呦呦等3名科研人员住进医院，成为人体试毒的第一批"小白鼠"。试药观察取得令人意外的效果：未见该乙醚中性提取物在人体内产生显著的毒副作用。这个结果使他们坚定地选择了青蒿素作为治疗疟疾、血吸虫感染等疾病的一线用药。她们的不懈努力终于获得了成功！

迄今为止，以青蒿素为基础制成的复方药已经挽救了全球数百万疟疾患者的生命。2015年，在瑞典卡罗林斯卡医学院的诺奖演讲台上，84岁高龄的屠呦呦作为首位获得诺贝尔科学奖项的中国本土科学家，向全世界介绍青蒿素："我报告的题目是：青蒿素——中医药献给世界的一份礼物。"对于屠呦呦来说，这已经不再是一项简单的科学研究，可以超脱金钱的使命感、责任感在不断鞭策着她。

有人说："科学是理性的运用，信仰是理性的回归。"信仰使人具有自我约束的本质与意义，成为人的精神支柱，是道德抉择的坐标。它能提高人的道德境界，塑造人的道德品格，是人的道德行动的推动力，是人生道路上的"指向灯"。

将信仰融入爱岗敬业，不是喊空口号，而是融入具体工作中。"县委书记的好榜样"焦裕禄，拖着病体带领全县人民同自然灾害作斗争；大国工匠胡双钱工作四十多年，生产了上百万个飞机零件，没有出现过任何差错；"最美奋斗者"丽江华坪县女子高中校长张桂梅，一生无儿无女，先后捐款40多万元，为了让山里的女孩有书可读，走出大山。

这些人在各自的工作岗位上，忠于职守、兢兢业业，对自己的作品倾注着无限的喜爱与饱满的热情。普通得令人叹为观止，执着得令人钦佩。在新的历史条件下，他们以饱满的工作热情和昂扬的精神状态投入本职工作中。我们应该从他们身上学到以责任为己任，以吃苦为乐，忘我地奉献自己的价值。

【行动笔记】

"人民有信仰，国家有力量，民族有希望。"信仰锻造生命高度。信仰的高度越高，生命和生存的价值越高；信仰的高度越高，思想和精神的境界就越高。在平凡的工作岗位上，坚持信念，锤炼人生的高峰，无私奉献，用自己的忠诚筑起了一道钢铁之墙，为中国人民站起来、富起来、强起来，创造一份永恒的事业。

"敬事如神"，一是要建立明确的职业生涯规划。

在职场工作中，明确自己工作的信仰和理念以及梦想。明白自己追求什么，要求什么，以及想要什么。从细节来看，我们需要什么样的价值观、人生观以及工作的观念和信仰，这些我们都应该纳入职业生涯规划当中。在工作之中也要不断地完善职业生涯规划。同时坚守自己的工作和品德底线，追求自己的信仰，保持初心，不被外界的环境动摇自己内心的信仰。

"敬事如神"，二是理性与感性相互融合。

理性是指多看书、学习与实践，了解人类人文和自然科学知识，深入思考世界与人的本原问题。思考得越深入，信仰建立得越正确。感性是指清空头脑，让其以最自然的状态去感悟世界和自身的存在，以此获得启示。让自己的内心同世界的演进共振、共鸣起来，理解一切都是向前向最完美变化的。

"敬事如神"，三是要求注重实践。

将通过理性和感性建立起来的信仰，运用到实践中去检验。真正的信仰一定会带给人以使命感，这种使命感建立在改变世界使之更加完美的信念基础上。实践是真正拥有信仰的体现。

崇尚劳动：重拾劳动光荣的做人美德

崇尚劳动——劳动是人类的本质活动，是一切幸福的源泉，务必摒弃不劳而获的想法，重拾劳动光荣的价值观，用心力劳动、脑力劳动、体力劳动创造非凡价值。

"古者，庶人春夏耕耘，秋冬收藏；昏晨力作，夜以继日。"这是古代劳动人民的生活写照。

中华民族是勤于劳动、善于创造的民族。在长期社会实践中，一代代广大劳动者不辞辛劳，凝聚形成了勤劳勇敢的民族精神，培育形成了崇尚劳动、热爱劳动、辛勤劳动、诚实劳动的"劳动精神"，以及"以辛勤劳动为荣"的文化价值观。

正是通过劳动创造，我们创造了辉煌的历史；也正是通过劳动创造，我们取得了伟大的成就。

劳动开创美好未来

"日出而作，日入而息；凿井而饮，耕田而食。"这首诗描绘了古代劳动人民早出晚归、辛勤劳作的场景。

中华民族自古就是崇尚劳动的民族，崇尚劳动的观念一直深深根植于中国人的民族意识之中。"忧劳可以兴国，逸豫可以亡身"，这句古训就彰显了勤苦劳动对于国家振兴的重要性。正是因为崇尚劳动，中华民族才创造出了辉煌灿烂的历史及优秀的文明成果。

劳动创造辉煌历史。回望历史长河，古代劳动者凝聚民族智慧创造出"四大发明"，构筑了万里长城、京杭大运河等世界建筑奇迹，创造了代表中国文化的瓷器，为世界人民留下了丰富的物质文化遗产和精神文化遗产。

劳动促进民族振兴。近现代以来，中国面临百废待兴的局面。中国劳动人民牢记"天下兴亡，匹夫有责"的教诲，积极投身于劳动创造中，涌现出一大批典型的劳动模范和先进工作者。三五九旅带领抗日军民在南泥湾搞大生产运动，把"遍地是荆棘"的南泥湾变成了"处处是庄稼"的"陕北好江南"；"军垦第一连"在新疆开荒造田，把戈壁滩打造成"塞北明珠"；"铁人"王进喜吃苦耐劳，用身体搅拌水泥，保住了钻机和油井……他们不辞辛劳，用双手谱写出一首首属于平凡劳动人民的赞歌。

劳动开创美好未来。进入新时代，新一代劳动者传承与弘扬劳动精神，树立科学的劳动观念，创造出一大批重大创新成果。袁隆平一生扎根于稻田之间开展劳动实践，培育出杂交水稻，实现了"禾下乘凉梦"；中国航天人科学探索、攻坚克难，完成一项项艰巨的航天任务，实现了"九天揽月"的夙愿……他们在伟大的征途中树立了科学的劳动观念，绘就了美丽的劳动画卷，开启了未来美好新篇章。

新时代是一个"人人都是劳动者"的伟大时代。农民在田间辛勤劳作；工人在生产一线精心打磨每一个零件；科研工作者在实验室中一丝不苟地整理实验数据……千千万万劳动者，以极大的热情投入工作，不仅实现了自己的人生价值，创造出美好的生活，还推动了社会的发展和进步。

树立科学的劳动价值观

习近平总书记强调，无论时代条件如何变化，我们始终都要崇尚劳动、尊重劳动者，始终重视发挥工人阶级和广大劳动群众的主力军作用。必须牢固树立劳动最光荣、劳动最崇高、劳动最伟大、劳动最美丽的观念，让全体人民进一步焕发劳动热情、释放创造潜能，通过劳动创造更加美好的生活。

新时代，广大劳模、工匠要树立科学的劳动价值观，充分认识到"劳动最光荣、劳动最崇高、劳动最伟大、劳动最美丽"的重要性。

劳动最光荣。劳动没有高低贵贱之分，任何一份职业都很光荣。古代百工因劳动而得"姓"，便是对"劳动最光荣"最好的诠释与肯定，比如制造弓箭的工官姓弓，制造钟表的师傅姓钟，制造车辆的工匠姓车……劳动，始终是一位匠人最闪亮的荣光。新时代工匠，更应该树立"劳动最光荣"的价值观，以热爱劳动为荣，大力弘扬劳模精神，在劳动中展现担当、创造价值。

劳动最崇高。劳动是一种神圣标志，展现出劳模、工匠的崇高精神品质和崇高地位。先秦典籍《周礼·考工记》中记载："百工之事，皆圣人之作也。烁金以为刃，凝土以为器，作车以行陆，作舟以行水，此皆圣人所作也。"在古代，那些技艺高超的工匠都深受人们敬仰。新时代，习近平总书记呼吁广大劳动群众，要用劳动模范和先进工作者的崇高精神和高尚品格鞭策自己。

劳动最伟大。人民创造历史，劳动开创未来。劳动是推动人类社会进步的根本力量。在社会发展中，工人阶级和广大劳动群众发挥了重要作用，做出了卓越贡献。一代代广大劳模、工匠不断进行自我创造、自我迭代，推动社会进步，创造出辉煌的历史和灿烂的文明。新时代要想实现伟大的奋斗目标，需要广大劳动者将创造性劳动转化为自觉行为。

劳动最美丽。一方面，劳动能够彰显出劳动者的美德；另一方面劳动能够开创美好未来。劳动是幸福的源泉，一切幸福的生活都是通过劳动创造的，一切美丽的梦想也都是依靠劳动实现的。劳动最美丽，通过劳动才能实现中华民族伟大复兴的中国梦，创造光明未来。

伟大的梦想依靠劳动创造才能成真，伟大的事业依靠劳动创造才能成就。新时代，广大劳动者要保持干劲，自觉弘扬劳动精神，在平凡的劳动中创造出更大的价值。

【行动笔记】

每一次时代进步、每一次价值创造都需要依靠劳动者来完成。新时代赋予劳动者更重要的责任与使命。各行各业的劳动者都应该积极投身新时代的伟大实践中，让劳动价值得到充分彰显，让劳动精神得到极大弘扬。

"崇尚劳动"，一是要保持清醒，顺应时代发展大势。

作为新时代劳动者，我们要始终保持清醒的头脑、站在时代的前沿。劳动不是傻干蛮干，既要脚踏实地、默默奉献，也要顺应大势、讲究科学。只有顺应时代发展大势的劳动者才能创造出更大价值。广大劳动者还要树立科学的劳动观，坚持辛勤劳动、诚实劳动、科学劳动，这样才能实现奋斗目标。

"崇尚劳动"，二是要热爱劳动，培养积极的劳动态度。

广大劳动者要热爱劳动，树立正确积极的劳动态度，从"要我劳动"的被动状态转变为"我要劳动"的主动行为。只有坚守热爱劳动的思想观念，继承和发扬热爱劳动的传统美德，才能进一步激发出创新创造的激情，进而在劳动中创造美好幸福的生活。

"崇尚劳动"，三是要诚实劳动，树立良好的劳动品德。

诚实劳动是一种踏实的工作态度和要求，是劳动者的立身之本。要求劳动者要实事求是、求真务实、脚踏实地，敢于直面工作中的问题，坚守工作标准、严守职业道德、遵循法律规范。我们要从劳动中汲取道德营养，锤炼良好的道德素养和品德，自觉杜绝不劳而获等不诚实劳动行为。只有通过诚实劳动，才能实现美好梦想、解决发展难题、实现自我价值，才能在平凡的岗位上创造出非凡的业绩。

第二章　工匠精神的21个关键词 | 037

心事一元：保持住内心的清净与光明

心事一元——心地清净，世界便不再藏纳污垢；心地光明，世界便不再阴霾黑暗。

从本意上讲"心事一元"是指内心只存有一件事物。从引申意义上讲"心事一元"是将内心的清净与光明映射在一件物体之上，做事情做到物我合一的境界。内心浮躁不仅是个体的问题，更是一种社会现象。工作不仅要尽力去做，更要用心去做，不能在奔跑的过程中忘了最开始的初衷。不要为他人的评价而烦恼，时光会告诉你什么是正确的。把注意力集中在自己的事情上，每个人都能与身边的人不同，可以有自己的故事，也可以从不同的视角来看待这个世界。专心于自己的行动，当我们身边充斥着各种各样的干扰时，需要一份内在的宁静以保持专注。

心地清净

一个人心的清净有多重要？心地清净的人，永远保持着平和的心态。这对于日常的生活、学习都是非常有利的。反之，如果一个人心浮气躁，对于日常生活工作学习有百害而无一利。

一名修士，在山上读书，他看着远处的一座山，想要过去欣赏那边的风景，心中盘算着要在太阳下山之前赶到。他加快脚步，却被一块石头绊倒，瞬间摔得头破血流。无奈之下，只能拖着一条伤腿，迈着沉重的脚步慢慢前行。最终，他也没能及时赶到。他心中埋怨着山太高、路太陡峭、石头太多、时间太仓促了。可他一直却没想到，是自己太心急了。

生活在时代潮流中的人往往都是行色匆匆，满脸的焦虑，凸显了他们内心的烦躁。而一个人的心灵如果能保持清净，就可以从内心的焦急和烦躁中解脱出来，也就更能懂得"心地清净"的重要性。

首先，保持清净的心态对身心都是有益的。心不清净者，往往缺少对自己情绪的掌控，稍有刺激，便会被其所支配。这会使他们的性格乖戾多变。我们都有这样的体会：在生活中，能够使你产生依赖和信任的人，通常是情绪上比较稳定的人。"喜怒不形于色""泰山崩于前而色不变"，往往能给人产生一种信赖感。这样的人在面对困难的事件时，沉着冷静；在问题面前执着、坚决，不会轻易质疑自己、退缩不前；在愤怒的时候，他会制怒用忍，考虑周全，不会鲁莽行事。即便是在面对绝境的时候，这样的人也能保持镇定，努力找出一条生路。

其次，你保持稳定的能力有多强，路就能走多远。真正的强者都知道稳定的能力有多重要，"输入"是稳定的，"输出"才能是稳定的。一天进步一小步，前进一小步，当你回过头来就会发现，自己已经走得很远了。

韩国有一名围棋手，名叫李昌镐，实力在围棋界也是数一数二的。对于一个擅长下棋的人来说，一局棋下来，你根本就看不出他有什么玄妙的招式，但也看不出什么破绽。他的最大特色，也是最让人头痛的地方，就是他的每一步都追求51%的胜率，这就是所谓的"半目胜"。他告诉记者：我从来没有追求"妙手"，也从来没有打算一击必杀。只要能在一步上超过对方一分，那就是胜利。

"妙手"本身就是一种不稳定、不持久的招式，不可能靠着自己的努力去积累，"灵感"耗尽就会手忙脚乱。就像防守一座城市，光有"奇兵"是不够的，必须要有深沟、有高墙。相比之下"通盘无妙招"看起来普普通通，但胜在点滴，化危机于无形可稳操胜券。

最终，心地清净让内心变得平静、无所畏惧。现实中，一种深深的不安，笼罩在很多人的心头。一个孩子从小就喜欢音乐，但是听到别人说音乐需要坚持，就选择了放弃。之后，他又开始喜欢摩托车，但是一辆好的赛车，动辄十几万块钱，让他难以负担。后来，他尝试着写了一些文章，但没人看他的文字，让他觉得自己不是那块料。久而久之，他就会变得迷茫，会自我怀疑，自我否定。生命就这样成了一望无际的沼泽。这时，越是努力，就越是心浮气躁；越是挣扎，就越是深陷泥潭。原因很简单，你根本不知道自己要去哪里。越往前走，脚下就越不稳，一阵风就会把你吹倒。很多人不会宁心静气去做事，而是希望能尽快地得到一个结果。

毕淑敏说过："幸福是一种内心的稳定。"心静，就要有一颗坚定的心，不浮躁，不盲目。只要选择合适的方向，有足够沉稳的步伐就能到达目的地。了解什么东西可以改变，例如：怎样看待自己，怎样看待这个世界，怎样去做出改变。哪怕是在物质的诱惑下也要坚持，只有这样才能让自己的心平静下来。

内心光明

面对太阳，心中的阴影就会消失。世界上没有任何困难可以击倒一个乐观主义者。如果你一不小心掉到了谷底，也别轻易放弃。这时，你要咬紧牙关勇敢向前，因为不管如何走，你都是在走一条上坡路。

苏轼的人生，要么被贬，要么在被贬的路上。他的事业虽然没能一帆风顺，但他从来没有失去过乐观的态度。在他隐居的那段时间里，他的亲人朋友都不愿意和他有任何的接触。在经历人情冷暖、世态炎凉时，苏轼坚持用自己的乐观性格来看待人生。

有一日，苏轼和朋友们出去散步。当他们走到沙湖道的时候，天空中忽然下起了倾盆大雨。不幸的是，带雨具的人先走了。除了苏轼，所有人都认为这次出行很狼狈。雨后，苏轼写了一首诗，其中一句写道："竹杖芒鞋轻胜马，谁怕？一蓑烟雨任平生。"内心是光明的，就算被暴雨淋湿，也只会让你变得更坚强，更加有尊严地生活。

王阳明曾说："内心光明，则万物光明！"在王阳明看来，世界上的所有问题，都可以在自己的内心找到答案。心理学家马斯洛曾说："心态若改变，态度跟着改变；态度改变，习惯跟着改变；习惯改变，性格跟着改变；性格改变，人生就跟着改变。"保持内心的光明，人生自然光明。

【行动笔记】

"心事一元"要求内心专注，由专注而达到心灵的安宁。生活的快乐是安宁，生活的安宁是平静。倘若心平气和，一切都会平静。知足的人，常常会在平静中遇到快乐，心情的轻松让生活变得美好。心境决定了心情，当看淡了生活的痛苦，便不在乎失去，不在乎得失。有所求而有所不求，有所为而有所不为。不需要隐藏，更不需要去讨好别人，只需要做最真实的自己。

"心事一元"，一是要求有工作责任心。

在工作中，要有强烈的责任感，把责任放在心中。工作中最大的原则就是把自己的工作做好。办公室里的所有关系，都是建立在工作之上的。善于交际，并不能成为决定胜负的手段，根本的还是把该做的工作做完、做好。把工作做得好才会感到内心的满足，各种关系维护好是工作的一部分，能让工作事半功倍；工作做得完美，你的同事才会支持你，未来的工作才能更加顺利。我们一开始就要积极地做好自己的工作，养成良好的工作习惯，用强烈的责任心打造完美的工作结果。

"心事一元"，二是重视细节，从小事做起。

任何工作都要从零起步，从最基础的事情做起，一步一步地走下去，最终跬步千里，让自己矗立在职场之巅。要注意细节，工作中没有小事，每一件事都是一种品德的锻炼，一种学识的历练。就工作本身来说，没有好坏之分，这是我们的生存之本，也是我们实现自我价值的舞台。不要等着别人给你安排工作，而是要提前做好准备，从小处着手，在细节上打磨，为做好工作时刻积累资本。

引以为豪：孕育职业的尊荣感

引以为豪——对自己所从事的职业、身处的岗位心生高尚感，职业没有高低贵贱，无论从事什么职业，身处什么岗位，都要建立自信心，激发强烈的职业自豪感。

广东新安职业技术学院以"职教改革四十年、产教融合育工匠"为主题，召开了第四届职业教育活动周。新安学院开展此次活动的目的主要是让社会能更加了解职业教育的重要性，提升学生的职业兴趣和职业意识，增强职业自豪感，传承工匠精神。

职业学院的学生可以说是"大国工匠"的后备力量，作为新时代的年轻一代，他们肩负着"中国创造"的使命，应当培育他们的职业自豪感，孕育出自身职业的尊荣感，让他们油然生出一种职业匠人的底气，努力向高素质技术型人才不断迈进。

其实，打工的状态不可怕，打工的心态才可怕。如果我们无法对自己的职业引以为豪，无法对身处的岗位产生荣誉感，没有昂扬向上的心态，那我们只会蹉跎岁月，无法以咫尺匠心打磨"中国制造"。

以职业为荣，砥砺前行

"引以为豪"的工匠精神是一种"纵有狂风拔地起，我亦乘风破万里"

的肆意底气，是一种"短干自坚强，附枝交荫翳"的不卑心态。我们常能在那些老一代的匠人们身上看到这种自豪感与尊荣感，这是镌刻在他们血液中，无法被时间消磨的一种坚毅的品质。一件事、一份工作，当我们以此为傲时，便会发自内心地展现出一种自豪感，不卑不亢，生出傲然底气。

2016年，"南粤工匠"荣誉称号获得者、珠海无用文化创意有限公司总经理及创意总监马可表示："我所了解的工匠精神，是对家乡、对土地、对乡村、对童年的怀念。"

在业内，马可是著名的服装设计师，也是中国参加巴黎高定时装周的设计师"第一人"，她所创建的"无用"作品在巴黎的时装舞台上熠熠生辉。1996年，马可与他人共同创立了"例外"时装设计品牌。她承认，这是她在大学时的一个梦想。当她还是学生的时候，她曾听过一位教师说：中国现在还没有一个本地的时装设计师。她和同学们讨论这个问题时，别人却反问道："为什么要将这件事联想到自己身上呢？这是国家和政府应该思考的问题。"这句话深深地刺痛了她。

马可于2006年从"例外"公司离职，来到珠海唐家湾创办了名为"无用"的服饰品牌。她花费了很多的时间和精力，在滇、贵、川、藏一带的乡村地区游历，与当地的手工艺者进行交流，希望能将手艺继续流传下去。到目前为止，无用工作室的所有服装都是纯手工制作、纯植物染色，从制作到完成需要经过十几道工序，历时两到三个月。马可表示，她希望借由自己的行动，促进中国民间艺术在当代生活中的复兴，而不是以功利为目的，让传统文化回归原点。

曾几何时，工匠是一个中国百姓日常生活须臾不可离的职业，各类手工匠人用他们精湛的技艺为人们的生活提供了便利。自1949年到20世纪90

年代,"技术工"是最荣光的职业,"咱们工人有力量"是那个时代最鲜亮的名片,那个时代的工人是自豪与骄傲的,他们是那个时代的主力军,穿着各式各样的工装,手握图纸奔波于车间,走路挺胸,说话爽朗,充满自信。他们身处一线基层,干着最脏最累的活,脸上却经常挂着自豪的微笑,他们从不觉得自己的职业是卑微的,他们的肩上扛起的是中国制造业的未来。

我们不得不承认,在整个国民经济发展的进程中,那些职业匠人依旧是我国发展现代制造业的主力军,但我们也不得不承认,职业逐渐在一些人心中出现了等级划分,工人的职业逐渐被一些人所轻视,"技工"在他们心中成为一种低等工作的象征。

无论是什么职业,从无高低贵贱之分,所有的职业存在即合理,我们共同维系着社会的运转,共同推动着国家的发展。无论我们从事怎样的职业,都应该以此为豪,积极维护自身职业的荣誉,不自卑、不消极。我们要有老一代匠人们那种自信的底气与精神,只有具备了职业自豪感与荣誉感,才能从中体会到快乐,才能抱着对工作负责的态度,全身心投入到工作中,在自己的岗位上创造价值、创造辉煌。

情怀与责任,筑就底气

无论从事什么职业,身处什么岗位,那些精益求精的大国工匠、劳动模范都能在自己的岗位上出类拔萃,因为他们都热爱自己的职业,引以为豪,并由此产生一种情怀、一份责任,这份自豪与责任推动着他们不断前进,不断创造价值。在世界上众多的平凡职业中,有这样一个人——国家电网山东省电力公司检修公司输电检修中心带电班作业工王进,一个平凡的人,从事一份平凡的职业,却获得了不平凡的荣誉。

王进,是山东省电力公司检修公司输电检修中心带电班作业班一名普通的工人，他的主要工作是对山东省主网500千伏及以上的线路进行不断电的应急抢修，以保障整个城市的供电。在别人眼里，王进就是一个普通的电工，但他自己却并不这样认为，他觉得当他和同事们走在高压线上时，他们就是高压线上"最美的音符"，是"高空的舞者"。因此，王进并不觉得自己的职业有任何的卑微，他以自己的职业为荣，当他站在高压线上看着城市里的万家灯火时，他是自豪的，他守护着岁月通明。

王进的那种职业尊荣感，让他肩负起一份责任。为了让自己在岗位上发挥更大的作用，他积极探索、大胆创新，他和他的伙伴们——一群一线的电力工人，成功确定了±660千伏直流输电线路带电作业最小安全距离，明确了±660千伏直流线路带电作业安全防护指标及措施，编制完成首个《±660千伏直流输电线路带电作业技术导则》，填补了世界范围内的技术空白。王进作为工人创新的优秀代表，登上国家科技最高领奖台。

王进从不避讳自己只是一名普通电工的身份，正因为王进自己对电工职业荣誉的维护，他那种自豪与自信的态度，给了家人底气，他的家人也引以为豪，从不觉得他的职业卑微。

我们可曾注意过那些看似平凡的职业？可曾想过那些从事平凡职业的工作者有着一颗怎样质朴和坚韧的心？一个个平凡的职业，一个个平凡的岗位，却因那些工作者的自豪感与荣誉感而闪闪发光。我们应该学习这种精神，树立正确的工作观，在自己平凡的岗位上孕育职业的尊荣感与自豪感，为自己增添动力，在新时代的进程中奋力拼搏。

【行动笔记】

让"工匠精神"成为新时代劳动者的职业气质,让产业工人为自己的职业而骄傲,从"缺乏热情"到"职业自豪",需要重新赋予新的价值观。

"引以为豪",一是讲求不慕名利。

那些在平凡岗位上创造奇迹的人,从来不是爱慕名利的人,他们对自己的职业引以为豪,从而甘愿为此贡献出一切。要孕育职业的尊荣感,以职业为荣,就要做到不慕名利,坚守阵地。不追求名利才会不计较得失,才能经得住诱惑,将更多的精力放到岗位创新上,力求为平凡的岗位创造出更多的价值。

"引以为豪",二是讲求将工作当作乐趣。

有些人在提到自己的工作时,言语间充满了兴奋,自豪感油然而生。这份对于工作的自豪感来源于人们对于工作本身的兴趣,来自在工作中体会到的快乐。干一行、爱一行,爱一行,才能专一行。我们需要一双善于发现乐趣的眼睛,从自身的职业中挖掘到乐趣,我们才能发现工作的意义,才会在工作中表现出强烈的热情与执着,不再顾忌他人的眼光,不再计较自身的得失,将自己的职业看作一种高尚的职业,并以此为荣,产生自豪感。

"引以为豪",三是讲求时刻提醒自己:每件事情都值得我们去做。

世界上的每一个职业都有存在的意义,否则,没有清洁工头顶烈日的擦拭,何来窗明几净的高楼大厦?没有刺绣工一针一线地编织,何来精美潋滟的锦衣华服?我们生在新时代,要看到构筑这个时代的每一个基点,要看到自己的职业在这个时代所具备的价值。

> 我们要懂得时刻提醒自己,每一份职业都是值得被尊重的,每一份职业都可以产生无限的价值。我们可以尽自己所能在平凡的岗位上创造价值,即便是一个小小的创新与改变,也会让我们的职业自豪感油然而生。

一技之长：好手艺才能打磨出好产品

一技之长——这是对工匠精神的尊崇，在此基础上，工匠才能对产品进行持续的改进、创新。

中国向来提倡"一技傍身"，古往今来有无数的能工巧匠，如鲁班、黄道婆、李春等，他们都有着独特的技艺。他们凭借一技之长所研发和发明的产品不仅至今仍被人津津乐道，也在一定程度上大大推进了人类社会的进步。

学一技之长，做大国工匠

从古至今，那些闻名天下的大国工匠身上，总有着让人无法忽视的闪亮之处：具备一技之长。一技之长是工匠所具备的技能或是特长，他们的一技之长并非一朝一夕所练成的，大多是经过"定向—模仿—熟练"这三个阶段才逐步掌握。

定向，是需要工匠在最初的时候跟随名师学习专业技能，将老师定为自己的奋进方向，不断鞭策自己前行。

模仿，是需要工匠仿效特定的工作方式和行为模式，让学习从模仿开始，将模仿作为提升工作技能的开端。

熟练，是需要工匠在经历模仿之后，时常反复练习，逐渐掌握其中的技能和技巧，并将自身的执行能力达到高度的完善化与自动化。

完成"定向—模仿—熟练"阶段，并不意味着工匠就具备了一技之长。工匠之所以被称为"匠"，是因为有匠心，而匠心既要求工匠掌握高超的技术技能，在技艺上具备创造性和创新性，还要求工匠具备良好的人文素养和职业道德。

做到用匠心打磨产品

工匠是具备工艺专长的匠人，所以具备一技之长是匠人的基本素养。伟大的时代造就伟大的工匠，伟大的工匠书写伟大的事业。

> 李春是隋代著名的桥梁工匠，举世闻名的赵州桥就是他的杰作。赵州桥的建造，不仅开启了中国桥梁建造的新篇，还为中国桥梁技术的发展作出了巨大贡献。
>
> 李春之所以可以建出如此宏伟的桥，主要得益于他的一技之长。李春发现，当时的桥梁大多采用多孔形式，但它存在多处弊端，比如易受水侵蚀，使用寿命缩短；桥墩过多，影响排泄洪水和船只航运等。李春凭借着自己的专业知识和丰富的实践经验，将桥梁改为敞肩拱，使其看起来更为美观，既节约了材料，还减轻桥身重量，增强稳固性，更提高了石桥的泄洪能力。

一技之长，是工匠具备的最基本能力，是工匠在专注、技术和产品方面追求完美的外在表现。

【行动笔记】

天下难事，必作于易；天下大事，必作于细。也许，并不是所有工匠都可以凭借一技之长而扬名，但当工匠一心一意地培养和锤炼自己的一技之长，那么他们一定会在自己的人生路上添光添彩。

"一技之长"，一是要抛弃"差不多"想法。

当下，技术竞争和人才竞争均已进入白热化阶段。想要从中脱颖而出，首要就是抛弃"差不多"这一想法。"差不多"想法会让人安于现状、流于平庸，久而久之就会变得肤浅和粗糙。工作思想不精细，产品就无法让人满意。

所以，工匠既要具备扎实的专业素养，更要具备"人有我优"的技术追求。设定一个目标，不断朝目标努力和奋进，精益求精、不遗余力，甚至要用"强迫症"思维去严格要求每一个步骤，做到尽善尽美，让"99%"的产品变为"99.99%"的产品，再经过耐心打磨，将其变为"100%"的产品。久而久之，创造出与众不同的产品，打造出优秀产品。

"一技之长"，二是要摒弃浮躁和急功近利的心态。

浮躁和急功近利的心态，会使得高远目标和近期目标有所冲突，如纠结当下的待遇多少、职位高低等，这些近期目标都会让工匠无法静下心来专注工作。越是这种时候，工匠越要摒弃浮躁、宁静致远。换言之，工匠要具备从容淡泊的职业心境。外面的世界很热闹，也很诱人，但工匠要始终保持清醒的头脑，不轻易随波逐流，坚守初心。

工匠要始终端正自己的工作态度，树立正确的工作思想，摒弃浮躁和急功近利的心态，淡泊名利，将更多的时间和精力投入到工作中去，肯下"十年磨一剑"的苦功夫。最终，让自己所具备的一技之长更上一层楼，成就技压群雄的辉煌。

刻苦钻研：苦练内功方能"百炼成钢"

刻苦钻研——没有刻苦钻研的韧劲儿，就没有一流的技术；没有踏实刻苦的品格，就没有出类拔萃的卓越。

刻苦钻研是一种崇高的职业精神，是中国能工巧匠们精神价值的重要体现。古往今来，中国工匠们通过刻苦钻研砥砺坚强人格、磨炼真才实学、练就过硬本领。

刻苦钻研，即要敢于下苦功夫，潜心钻研。它有两方面的内涵：刻苦是一种磨砺自我的修行，是一种无怨无悔的求知学习方式；钻研则是对于知或未知的问题进行探索和更深层次的研究。

欲学惊人艺，须下苦功夫

人生就是一场刻苦的修行。各行各业有莫大成就的人物，大多数都是从苦行中出身，所过的都是一种刻苦自励的修持生活。

"天将降大任于是人也，必先苦其心志，劳其筋骨……"这句儒家的至理名言就是对成功最好的诠释。没有人能随随便便地成功，勤修苦行、刻苦自励始终是我们立身处世的精神要义。

勤奋刻苦的精神自古就刻在中国人的骨子里。鲁班拜师学艺的故事，就深刻体现了这种精神。

出身于工匠世家的鲁班，从小就聪明好学、敢于吃苦。相传，春秋时期终南山有一位木匠技艺非常高超。鲁班为拜师学艺，骑上快马，翻过大山，历尽艰难，终于来到终南山下，见到了老木匠。老木匠拿出缺口的斧子、长满锈的刨子和又弯又秃的凿子让鲁班磨。鲁班二话不说接过手就开始在磨刀石上磨起来，磨了七天七夜，两只手都磨出了血泡，才终于把这些工具磨得又亮又锋利。老木匠看到后连连点头，认为鲁班能吃苦、有耐心、有恒心，于是决定把全部手艺都传给他。

　　就这样鲁班开始跟随这位老木匠真正学起手艺来。鲁班学习非常刻苦，每天凌晨便起床，晚上很晚才睡，甚至连饭都顾不上吃。苦学三年之后，他终于学成出师，学会了老木匠的全部手艺。出师之后，他更加刻苦磨炼技艺，用学成的技艺和师父送的工具造出了许多农用工具和军用器械，被后世尊称为"木匠鼻祖"。

作为"百工圣祖"，鲁班流传给后世的不单单是工具，更是敢于吃苦的精神。鲁班拜师学艺的故事告诉我们苦练内功是成功之因。要想磨炼出精湛的技艺，就必须下苦功夫，吃得了常人吃不了的苦。只有不怕苦不怕累，才能求得真学问、学到真本领。

　　但是，鲁班敢于吃苦，并非盲目地吃苦，吃苦的背后蕴含着他成功的底层逻辑：

　　一是要有不怕苦的意志。做任何事都要意志坚定，正如鲁班把吃苦当作一种磨炼，无论是在拜师途中遇到艰难险阻，还是在学艺期间勇于挑战师父提出的难题，他都坚定吃苦的意志，绝不半途而废，在一次次的磨炼中，技艺愈加精进，意志愈加坚定。

　　二是坚定甘吃苦的信念。吃苦不是目的，而是实现理想信念的一种方式。正如鲁班将磨炼技艺作为自己的理想信念，为了实现这一目标，他甘于吃苦，在拜师学艺期间勤学苦练，朝着心中的美好愿景刻苦努力，最终修成正果。

三是发扬能吃苦的韧劲。鲁班学艺期间十分能吃苦，师父同意收他为徒后，他便夜以继日、废寝忘食地去学习。无论是打磨工具，还是上山砍树，他都能主动自觉地去吃苦，不敢有丝毫懈怠。苦学三年之后终于学成出师。

鲁班这种敢于吃苦的精神与当今时代倡导的"艰苦奋斗老黄牛"的精神一脉相承，具有巨大的现实意义和价值。

新时代工匠要大力发扬这种精神，以不怕苦、甘吃苦、能吃苦的牛劲牛力，不用扬鞭自奋蹄，沉下身子埋头苦干，在现实中挑战困难，成长为有理想、敢担当、能吃苦、肯奋斗的新时代工匠。

磨炼新技术，只有肯钻研

潜心钻研是一种不断实践、勇于探索的科学精神。工匠们必须要有一股钻研到底的精神，这样才能磨炼新技术，掌握新本领。东汉时期造纸术的革新者蔡伦就是这种精神的贯彻者。

东汉蔡伦作为尚方令，主管皇家各种器物的制造。当时虽然已经有了书写材料，但是帛很贵重，牍很笨重，都不适合大规模使用。为了改进书写材料，他开始了漫长的考察之路。

他去洛河实地研究造纸材料的加工、过筛以及制浆等技术，还常常向当地人请教。即使在休息日，他也会闭门谢客，潜心钻研。经过反复实验、不断调整，他终于研发出一套科学的造纸工艺。

蔡伦的改良纸质地十分细腻，既光滑又平整，而且材料广泛，价格低廉。通过蔡伦的潜心钻研，我国的造纸术进入了一个全新的时期。蔡伦改进的造纸术被列为我国古代"四大发明"之一，不仅促进了中国造纸技艺的发展，还对世界文化的传播发挥了重要作用。

蔡伦成功地革新造纸术，与他的潜心钻研是分不开的。当今时代，我们重温历史，回顾蔡伦的伟大变革，学习他潜心钻研、勇于探索的科学精神，有着非常重要的现实意义。

勤勉而顽强地钻研，可以使技艺百尺竿头更进一步。懒于思索，不对事物进行深入钻研，仅仅掌握一些浅层知识，就会使智力越来越贫乏。在学习上不肯钻研的人，很难解决问题；在事业上不肯钻研的人，很难有所成就。

做任何事都要有一股肯钻研的韧劲，有铁杵磨成针的精神。以求真的态度深入研究，善于发现问题、分析问题、解决问题，以这样认真的态度求学、求真，才能取得事业的成功。

新时代，我国大国工匠们继承和弘扬刻苦钻研精神，在不断深入地刻苦钻研中逐渐摸索出高超的工作技能，在日复一日地刻苦钻研中成为劳动者中的佼佼者。脚踏实地，勤奋努力，刻苦钻研，下真功夫，下苦功夫，才是成功之道。

【行动笔记】

技能的追求没有止境，大国工匠们通过刻苦钻研，在一遍遍地研发、生产、实验中，解决了大量的实际难题，也为企业和社会创造出更大的价值。作为新时代大国工匠，要肯钻研，吃得了苦，耐得住寂寞，不断锤炼高超的技能和踏实刻苦的品格。

"刻苦钻研"，一是要肯下"苦功夫"。

吃得苦中苦，方为人上人。下"苦功夫"，主要体现在三个方面：

一是要经得起思想之苦。学而不思则罔，思而不学则殆。在做事情时要多进行深入思考，将学习的新知识通过深入思考形成自己的思维模式，从而做到内化于心、外化于行。

二是要经得起时间之苦。吃苦是一场持久战，需要长期坚持，这样才能将平凡变为非凡。

三是要经得起失败之苦。在刻苦钻研过程中，必然要经历很多次失败，但是不能气馁，要从失败中总结经验，不断调整思路。

"刻苦钻研"，二是要敢啃"硬骨头"。

我们无法决定事情的结果，但是可以把控努力的过程。新时代工匠们面临着更大的技术挑战，要敢啃"硬骨头"，努力钻研新技术，磨炼新技能，锲而不舍、攻坚克难，练就"攻坚金刚钻"，成为企业技术革新的行家里手。

啃"硬骨头"，要遵循科学的方式方法：一是要明确这些东西的价值，这样才会有行动的内驱力；二是要借助团队的力量，和团队一起进行头脑风暴、集思广益；三是要分解艰难任务，一点一点去攻克。

恪守标准：谨慎恭顺地遵守细节要求

恪守标准——标准不是束缚行为的牢笼，而是坚守品质的底线。恪守标准是态度也是责任，工匠是标准世界里的"秩序守护者"，毫厘必争。

标准是什么？

是衡量器上那精确到小数点后几位的数字；

是在岩层间精准爆破时，误差控制远小于规定的最小误差；

是手动焊接长14米厚0.6毫米的缝隙；

是"雕刻火药"时剥离下的0.2毫米薄片。

恪守标准不是约束也不是教条，它是一群人在工作中坚守规则，细究0.01的数据误差，只为了打破核心技术壁垒，让中国创造不逊于外国一分一毫；它是一群人以赤诚匠心，对工作一丝不苟，对标准精益求精，以工艺专长造物。这群人是谁？是于国，成就重器；于家，成为顶梁；于社会，成为楷模的大国工匠。

苛求标准是工匠的本能

我们一直惊叹于德国人的严谨、瑞士人的精确，他们创造的一些品牌享誉世界，而品牌树立的背后是匠人们对技术标准偏执般的追求与坚守。恪守标准的品质是优秀的工匠们共同具备的思想信念与从业准则。他们以严谨的工作态度，遵守细节要求，坚持最完整的工艺流程和技术关键；他们依照标准，一板一眼、一丝不苟地做事，只为了追求完美与精益。

一砖一瓦，一凿一砌，皆有尺有度。在工匠眼中恪守标准是最应该，也是最习以为常的事情。无论是过去的凿槽制椅，还是现代的技术研究与应用，都具有严格的规程与标准，工匠必须恪守标准，严守规程，容不得有任何凑合与将就的思想。有些技术操作，就连最简单的拧螺丝都有严格的细节要求，拧几圈回几圈，施加多大扭矩，要一一遵守，否则就可能造成严重误差。"炮制虽繁必不敢省人工，品味虽贵必不敢减物力。"不放过任何一个细节要求，一丝不苟、恪守标准、倾注匠心，才能创造出高品质的精品。

恪守标准，遵守细节要求是工匠的本能，而这种本能也在中国航天科技集团一院长治清华机械厂的数控铣工韩利萍身上完美折射。韩利萍怀揣着对航天事业的热爱，执着于"毫厘不差"的精密要求，从一名普通铣工成长为运载火箭技术专家。

2016年，长征七号首飞成功，韩利萍参与了长征七号装备的加工与设计。航天无小事，成败在毫厘。韩利萍深知只有熟练掌握铣削这项技能，才能加工出合格的航天产品。铣削产品不允许存在超标误差，那一串串数字标准是底线，是红线，是高压线，必须要恪守标准，才能让航天产品更加精密有度。

为了制作出精密的零件，韩利萍在家用土豆制作零件模型，严格依照铣削标准进行练习，她一次次地修改模型方案，进行上百次的切削试验，严格把控数据标准，执着于"毫厘不差"。在长征七号飞上天空的那一刻，韩利萍感到自己与国家的责任与使命紧密联系在一起。

百分之一毫米的丝和千分之一毫米的微米是韩利萍心中的尺寸，恪守标准，对"毫厘"不舍的执着，是韩利萍寸步不让的底线，她用行动向我们展示了一个"大国工匠"的品性与准则，阐释了"工匠精神"的精髓所在。

遵守要求是工匠的准则

时代迭变，从"传统匠人"到"大国工匠"，定义在变，工匠精神永远不会过时。"如琢如磨"中让破损的文物重现昔日光彩的文物修复师；五尺钳台上打磨出精密模具的高级技师；坚持自己的标准，为了砌好一面墙，反复推倒重来的全国技术能手……这些工匠都恪守标准、讲究精益、追求严谨。

中国工匠们积极作为、勇敢担当；磨砺技艺，追求卓越。尤其面对规模化生产制造过程，"工匠精神"的要求是讲求精细、严守标准。现代化大工业生产时代，很多高技术产品的质量可靠性主要依赖于遵循标准、敬畏规则，在这种背景下，"工匠精神"体现出对"标准和规矩"的追求，恪守标准方能塑造品质，坚守品质，方能致远。

大国工匠对工作一丝不苟，对标准精益求精，秉承工匠精神，以专业、严谨、精细的态度护航全面建设社会主义现代化国家的新征程。

【行动笔记】

恪守标准从来不是"死板"的代名词，它是一种信念、一种责任，一种追求精益求精的鲜明底色。

"恪守标准"，一是讲求提升知识技能素养。

"素质是立身之基，技能是立业之本。"对于工匠而言，精益求精，追求品质，坚守细节是其基本的从业准则，以严谨的态度恪守标准才能打造精品。对于很多精密项目而言，技术标准要求之高，决定了工匠要一丝不苟地恪守技术标准，对其了然于胸，做到精准操作，这就要让自己的能力跟上标准。因此，我们需要提升知识技能素养，获取新知识、新技术、新工艺、新方法，提高自己的技能操作水平，如此，才能依照严格的技术标准进行实践操作，做到与标准要求毫厘不差，展现出品质的极致之美。

"恪守标准"，二是讲求坚定事业底线。

匠心是对事物追求完美品质的一种情感和态度，是对事业的一种责任与敬畏。大国工匠立足岗位，恪守标准，不断攻坚克难，创新技术，推动国家实现高质量发展，其根本在于大国工匠始终坚守"择一事终一生"的理想信念，坚定自己的事业底线，决不放弃对品质的追求，不凑合、不将就，始终做到毫厘必争，做到标准以上。持续推动社会进步、实现国家发展，无论我们身处怎样的行业，从事怎样的职业，我们始终要保持精益求精的敬业态度，肩负责任，坚定自己的事业底线，恪守职业标准要求，做到一切向标准看齐。

"恪守标准"，三是讲求不断提升标准。

标准是一道界限，不达标准者不合格，达到标准者合格。然而，合格是最低要求，科学技术无止境，要做到极致，做出精品，我们需要潜心专研，创新技术，恪守标准并提升标准，当标准线一次次提升，一次次冲破极限，我国制造业才能逐渐掌握话语权，扭转制造业大而不强的局面。

岗位专家：了如指掌方成标杆榜样

岗位专家——无论从事什么劳动，都要干一行、爱一行、钻一行，创造非凡的岗位价值，践行"四专"主义：专注、专心、专业、专家，在平凡的岗位上持续精进，立志成为岗位专家。

优秀的工匠往往能够在本职岗位上恪尽职守、默默奉献，练就扎实的业务技能，养成深厚的专业素养，能够积极主动地学习新知识和新技能，在平凡岗位上做出不平凡的业绩，成为各行各业的标杆。

从一名扫地工成长为全国五一劳动奖章获得者——陶柏明，就是工匠精神的具体体现。他在具体的岗位实践中成为真正的岗位专家，从他身上能够看到中国工匠的专精成长之路，也让我们体会到中国工匠的荣耀。

岗位专家的职业素质

所谓"岗位专家"，就是指在不同的工作岗位中具有专业知识和技能的人，他们能够有效地思考和处理该领域的问题，具有专业的判断力和观察力，能识别新手注意不到的问题和信息。

陶柏明是广西柳州钢铁集团有限责任公司焦化厂的一名员工，工人高级技师、应用工程师、政工师，先后获得柳州市"劳动模范"、广西技术能手、全国五一劳动奖章等荣誉。他于1987年加入炼焦工厂，在炼焦材料车间工作了三十多年。原材料车间的主要设备是皮带运输机，作为一名普通工人他的工作很简单，可以说没有任何技术含量，他经常苦恼如何做才能有所成就。

一天，厂里的一位书记在年轻的职工面前讲厂情，当时讲到这么一句话：任何一个人哪怕再普通，只要肯学习肯努力，都可以成为自己岗位的专家。要想成为自己的岗位专家，就要对自己的岗位工作做到了如指掌。这番话让他豁然开朗。

陶柏明心想："我只是一个普通的皮带工人，每天的工作就是打扫卫生，给机器加润滑油，怎么可能当上岗位专家呢？"他边想边数着台阶数回到自己的岗位，一路上共数了193个台阶，回头看到墙壁上写着"47米"几个大字，突然想起书记说的对工作了如指掌，现在自己已经掌握了台阶数量和地面的高度，这何尝不是对岗位了如指掌的一种体现呢？想到这里，陶柏明当即冲出操作室，去数皮带输送机上槽型托辊支架有多少组，下直型托辊有多少组，轴承座有多少组……维保人员检修设备的时候，他在旁边为他们打下手递工具，还时不时地向他们请教。慢慢地，陶柏明对自己工作岗位的情况真正做到了了如指掌，这对他日后取得更多的成就产生了积极的帮助。

一位优秀的岗位专家在企业创新发展与效益提高上可以发挥巨大的推动作用。岗位专家，往往具备正确的职业态度、较强的专业知识、过硬的专业技能和卓越的创新能力，是四种能力的统一。想成为岗位专家，就要立足岗位，善于学习专业知识和技能，不断提高自己的职业素质，练就过硬的专业本领。

平凡岗位上的专家

陶柏明发现，皮带岗位最大的难点就是在上料过程中转运站堵料，皮带运行时出现跑偏现象，雨季作业时皮带下煤浆四溢，造成岗位环境恶劣；手还容易被观察孔边缘刮伤；由于需要清理积料，每个岗位都要有人值班，造成企业人力资源浪费。看到这种种现象，陶柏明就在思考：怎么样才能减少转运站溜槽内的积料，不再需要人去清理？

他找来一些专业书籍阅读，也没有发现可借鉴的方法，想来想去也没有想到很好的解决途径。有一天他去食堂吃饭。因为是夏季食堂里开着空调，为了防止冷风跑出来，门口外面还装着塑料的帘子。等吃完饭，陶柏明推开帘子离开食堂，帘子又重新合上。这让陶柏明灵机一动：如果把一条胶带挂在皮带转运站的滑槽上，在输送煤炭时会撞击到悬挂的胶带而通过，但胶带是有弹性的，在没有煤料的情况下胶带就会重新落下，这样就不会有煤料黏附积存在溜槽内了。

想到这个方法，陶柏明立即去实施。在设备维保人员的支持下，陶柏明在皮带溜槽内安装了悬挂挡料皮带胶，陶柏明称之为不粘料溜槽，后获得国家实用型专利。不粘料溜槽的发明，减少了生产工艺故障，也优化了人力资源配备，减少人力浪费，为企业创造了更大效益。陶柏明也用行动打破了一直以来都认为皮带岗位没有什么技术可言的认知。

如今，一系列科技成果在生产一线落地应用，对新时代工匠们提出了更高的要求。人工智能时代，同样需要各行各业的岗位专家。新时代工匠们要进行自我革新、自我提升，努力学习新知识、新技术，掌握更多的智能设备的操作原理和方法，把专业知识和专业技能都提升到新的水平，这是新时代提出的新要求。

【行动笔记】

无论时代如何变化，只要对自己岗位做到了如指掌，做到应知应会，做到突破创新，就能立足岗位成长成才。

"岗位专家"，一是自立课题，找专家请教。

自立课题，是一种主动工作的行为，也是方向和目标。把工作当成研究对象，本身这种行为就是一种追求卓越的表现。这种主动工作的行为，是有作为的人的行为模式。找专家请教，就是要对标杆，照镜子，找差距。找专家请教，是一种向上的学习，要想努力在某一个领域深耕，成为这个领域的专家，就必须有专家一样的视野来思考整个领域的知识点。

"岗位专家"，二是勤学勤问，收集、整理一手资料。

勤，是一种知识、一种方法、一种能力。确实如此，一个勤奋的人总能在工作、生活或者学习中有所收获。同行业进行交流，是一种横向的学习模式，可以让眼界思维更广一些。日常学习中，注意收集与工作相关的知识、理论、案例。多做，多学习，就能得到更多知识。想做到对自己所在管理的岗位有所了解，就要尝试去收集跟自己相同或相类似的工作岗位的材料。当有了这些材料，在学习的时候就能吸收借鉴，举一反三。

"岗位专家"，三是通过网络学习，拓展工作领域。

我们要利用网上的资源，在各种媒体平台上寻找与自己工作相关的信息，并将其收集起来，每日加以学习。拓展工作领域，是指多掌握一些对当下岗位的工作有用的知识、方法、技术。想要深耕某一个领域，可以找到和这个领域相联系的100个岗位工作关键词或知识点，弄懂这些关键词或知识点，并学会延伸学习。

"岗位专家"，四是阅读与岗位工作相关的书籍。

做什么学什么，缺什么补什么，读相关领域的书籍，进行主题式阅读。主题式阅读，是针对同一主题，在一定时间内阅读大量书籍的方法，仔细研究不同专家的看法，总结出自己在这个领域的思想框架，然后结合自己工作的实际，去实践运用。这种阅读法也称为实用型阅读，它可以在很短时间内深入研究一个领域，使你成为该领域专家。

精神聚焦：一辈子只专注做好一件事

精神聚焦——不要有"精神内耗"，长期的精神内耗会摧毁你的热忱与行动力。真正厉害的人，都是精神聚焦的高手，诸事平平，不如一事精通，把一件事情做到极致，胜过把一万件事做得平庸。

所谓"精神聚焦"，就是把全部精神集中起来，专心做好一件事。《鬼谷子》有云："欲多则心散，心散则志衰，志衰则思不达也。"如果我们总想着同时做好很多事，就会顾此失彼，到头来只会一事无成。专注于一件事，就是最好的修行。

从古至今，大国工匠无不始于静心、成于专注。专注，是他们"择一事，终一生"所必需的品质。

学会专注，才会游刃有余

心志不分散，精神高度集中，是强者的成功逻辑。我们要想成为强者，就要在做事情时，学会专注，懂得排除外界的干扰，一心一意去做一件事。只有使自己完全沉浸在做事的状态中，才能持之以恒，把事情做到极致。

《庄子》中记载的庖丁解牛的故事就充分印证了专注的重要性，庖丁之所以能练就"游刃有余"的技艺，其中一个重要原因就在于精神专注。

一次，庖丁为梁惠王宰牛，只见他瞋目凝神，运足气力，挥舞牛刀，动作十分熟练。解牛时，他肩膀靠着的地方，手按着的地方，脚踩着的地方，膝盖顶的地方，都发出皮肉分离的响声。运刀时的动作十分合乎舞乐的节拍，就像是一场行为艺术。不一会儿，一整头牛就被肢解完毕。

梁惠王看到后惊叹道："你解牛的技术怎么会如此高超？"

庖丁回答说："我刚开始学宰牛之时，眼中看到的是整头牛；专心练习三年之后，看到的就不是整头牛了。现在，我宰牛之时全凭我的精神感知，而不需要再用眼睛去看。即使如此，每当碰到筋骨相连的地方，我就会提高警惕，将目光集中到一点，小心翼翼地依照牛的生理结构用刀，牛的筋骨和肉一下子就解开了。"

庖丁解牛的故事，诠释了一个道理：学会专注，才会游刃有余。做任何事只有眼到、心到、神到，才能创造奇迹，达到出神入化的境界。

庖丁的专注主要体现在三个阶段：

第一阶段：刚开始解牛时，所见无非牛者。这是专心致志地学习解牛的阶段。庖丁刚开始学习解牛时，精力就高度集中，让自己尽力不被外物所干扰。

第二阶段：三年之后，未尝见全牛也。庖丁长期专注投入解牛这件事情，渐渐忘记了外物，完全与他的刀融为一体，达到得心应手的境界。

第三阶段：方今之时，以神遇不以目视。庖丁排除一切感官纷扰，全神贯注，游刃有余，展现出出神入化的技艺，达到浑然忘我的境界。

庖丁一生都专注于解牛工作，全身心去感受，在艰难的实践过程中，他专注目标，专心宰牛，拒绝外物诱惑，历经十九载，终成一代名庖。

练就高超的技术就要专心专注，聚精会神，心无旁骛，如此坚持下去，才可能有所获。然而，在当今社会中，一些浮躁的人缺乏这种专注精神，在做一件事情时很容易受到其他事情的干扰，最终因为分心导致什么事情都做不好。

我们每个人都可以反思一下：自己在做事时是否足够投入、足够专注？我们在准备做一件事的时候，如果想的不是怎样把这件事情做好，精神没有集中在自己所期待的目标上，而是想着其他事情，或者不好的结果，就会扰乱自己的思绪，失去做事情的动力。

一生专注做好一件事

我们这一生，拥有无限的机会和可能，却只有有限的时间和精力，所以很难把所有事情都做好。越是想成为优秀的人，就越要专注做好一件事。

在当今时代，那些大国工匠都是非常专注的人，他们把时间和精力专注于某一方面，不断深耕，不断精进自己，进而成为这方面的专家，乃至大师。

中国航天科技集团有限公司第一研究院首都航天机械有限公司火箭发动机焊接车间班组长高凤林，工作40余年来，始终专注于一件事，即为火箭焊接"心脏"。"长征五号"火箭发动机的喷管上，有数百根几毫米的空心管线，接近头发丝的细度，而长度则相当于一个标准足球场的两周，这要求高凤林进行3万多次精密的焊接操作。完成这项任务精神必须高度集中，为提高自己的专注力，避免失误，他练习十分钟不眨眼，因为在焊接时他要紧盯着极其微小的焊缝，一次眨眼就可能错过可能存在的问题。

专注做一件事，创造别人认为不可能的可能。高凤林40余年专注于焊接工作，助推130多枚长征系列运载火箭成功飞向太空，诠释了一个航天匠人对理想信念的执着追求。

真正的工匠不是每天机械地重复，而是将自己全身心置于每一个当下的行动中，精神与肉体合一，手与心脑合一，人与事合一，在人与物融合中螺旋升维自己独一无二的职业之道。那些真正的成事者，都懂得精神聚焦，一心一念，知行合一，聚焦自己全部的爱、热情，才能成事、多成事、成大事。

专注是一种良好的精神状态，是时间上的坚持，是精神上的聚焦。在浮躁的社会环境下，我们选好了自己要做的事业，不轻易动摇，把所有的精力都集中在这件事上，并坚持下去，才能在人生和事业的征途上做得出色，享受实现人生价值的快乐。

【行动笔记】

精神聚焦是工匠精神的重要内涵之一，是工匠的重要特质。一个人要保持高度的专注力，并坚持下去，以这样的状态做事，才有奇迹出现。在工作中，工匠们往往不求多但求精、不求散但求专。他们会集中精力，聚焦于一件事上，然后用一生的时间去做好它。

"精神聚焦"，一是要刻意练习，进行反复实践。

要想让平时杂乱无章的思维或观察活动进入有序、宁静的精神层面，在刚开始的时候，就要按照一定的方法进行练习。我们可以运用有效的方法有意识地训练自己：一是制定目标和计划，做事情要有明确的方向；二是行动起来，全神贯注地朝着目标努力；三是坚持下去，坚定地按照计划执行。如此反复实践、反复思索，便能逐渐提高自己的专注力。

"精神聚焦"，二是要把精神聚焦在有价值的事上。

我们的精神聚焦在哪里，就会把我们整个人的状态引向哪里。我们必须找出一件对自己来说最重要、最有价值的事情，下定决心把它做好。

这件有价值的事情在自己的心中是必须做的。在这个过程中，我们要明确区分"我想做"和"我必须做"这两种状态。我想做，意思是我能达到这个目标最好，不能达成也行，于是我们就会拖延，精神涣散，无法做到专注。我必须做，意思是没有退路，我必须完成，这样我们自然就会为了完成目标而做到精神专注。

凡事彻底：怀着体察与谦逊做到彻底

凡事彻底——做事付之以真心，凡事都能成功。认真对待每一件事情，即便是平凡小事也要怀着敬畏之心，怀着体察与谦逊做到彻底。

凡事彻底，讲求将日常生活中、工作中遇到的每一件平凡的事情做到极致，做到彻底。

习近平总书记表示，只要有坚定的理想信念、不懈的奋斗精神，脚踏实地把每件平凡的事做好，一切平凡的人都可以获得不平凡的人生，一切平凡的工作都可以创造不平凡的成就。

从古至今，很多超凡之士皆出于凡，他们与人与事皆赋予真心，对待一件极平凡的小事也会严谨、细致，绝不敷衍，做到彻底。

"凡事彻底"是一种心性的磨炼

在当今社会生活中，保持"凡事彻底"态度的人是值得敬仰的，一如在细微处求精致的工匠，"凡事彻底"是他们身上所具备的最基本的精神品质，他们往往怀着体察与谦逊将一件平凡小事做到彻底，在无形之中积累巨大的能量。

凡事彻底，知行合一。在这个躁动而又高速发展的时代，内心构建起强大的精神力量，做事彻底、持之以恒，坚定不移地将平凡之事进行到底的人，才能在这变幻莫测的世界里，挣脱世故的困束，创造出不凡的成绩。

"凡事彻底"，在当下的一些人尤其是年轻人身上难以呈现，这与世界整体环境的影响有关。在当下快节奏的社会生活里，"彻底"于他们而言是"浪费时间"，尤其是在平凡小事上做到彻底，是无法他们理解与认可的，他们的目光总是追随庞大的事物，对于一些细枝末节的东西往往没有耐心，没有将其做到彻底、完美的心态。"凡事彻底"是一种心性的磨炼，是这个时代发展最需要也最不可或缺的精神品质。

为什么有些人身处平凡岗位，却可以成为工匠大师？那是因为他们在将每一件平凡的小事做到最好、做到彻底中日复一日地打磨、沉寂自己的心性，在枯燥寂寥的坚持中塑造出谦逊的品质。当一个人在时代的纷杂里成为一个"有心人"时，即便身处平凡之地也可创造奇迹。因此，凡事彻底的过程是练就纯粹心态的过程，怀着体察与谦逊将每一件事做到彻底，耐心打磨自己，才能从弱者变成强者，捕捉到这个时代新的生长点。

将每一件平凡小事做到彻底

其实，"凡事彻底"一词是由日本著名企业家键山秀三郎提出的，他将这四个字作为自己的人生指南，并将其运用到企业的经营管理之道中，用自己的行动诠释着"凡事彻底"的精神内涵，真正做到了将一件平凡小事做到极致、做到彻底。可以说，他是"凡事彻底"精神的一个极具代表性的人物。

在键山秀三郎的认知里，只要把任何人都能做的平凡小事彻底做好，就能和别人拉开差距。键山秀三郎将这份极致与彻底贯彻到了扫除之上。

键山秀三郎对待扫除一事极其认真，尤其在清扫厕所时，其彻底程度是普通人难以想象的。为了将厕所扫除彻底，他还制定了独特的厕所扫除法，制定了详细的扫除流程：准备热水→使用专用的洗涤剂→准备工具→厕所扫除的事前准备→盥洗台的清洗→地面的清扫→墙壁的清扫→小便器的清扫→大便器的清扫→清扫工具的收拾整理→墙壁、便器和地面的最后收尾。键山秀次郎的扫除方法不仅仅用在清扫厕所上，他会带领公司员工对公司的办公区域、走廊、人行道、车道等地方进行彻底的扫除，不放过一块地砖，一条接缝。

扫除不是目的，键山秀次郎希望通过扫除改变公司的环境，改变员工浮躁的情绪。键山秀三郎将别人偶尔做的事常态化，对别人不经常关注的问题持续关注，以这样的心态，将扫除坚持了下来，一坚持就是六十多年。他在扫除上将"凡事彻底"的匠人精神诠释得淋漓尽致，凭借着"凡事彻底"的巨大能量，他将一家濒临倒闭的公司发展至拥有几百家分店的规模，他的"扫除道"引得众多企业学习，在企业内部展开清扫革命。

正如键山秀三郎所说："重要的不是做什么特别的事，而是持续、彻底地做好每个人都会做却没有做好的事。"其实，"凡事彻底"的工匠精神是一种心性教育，志在磨砺人们的心性，消除"人性颓废"，让人们能够沉淀自我，培养人们的宽容之心、谦逊之心、感恩之心，在做任何事情时可以将心归于宁静，做到彻底。

【行动笔记】

以"凡事彻底"的工匠精神为指导，将偶尔化为常态，将普通简单容易被人轻视和忽略的平凡小事做到位，才能产生令人动容的力量，从平凡中孕育出非凡。

"凡事彻底"，一是讲求注重细节文化。

键山秀三郎在做扫除工作时，对扫除工具极其讲究，其扫除工具多达十余种，甚至还会在每件工具上标注使用者的姓名。他在扫除流程、工具整理和存放这些细节上都做到了极致，也从侧面印证了他在扫除上所贯彻的"凡事彻底"精神。

我们要想创造不凡，就要坚持对细节的把握和极致的追求，不放过任何细微之处，遇事可以画出树状图，或制作行动步骤，尽量将事情进行逐级裂变分析，从整体出发把握局部，做到彻底。

"凡事彻底"，二是讲求日积月累的长期主义。

键山秀三郎表示，"扫除，如果偶尔集中搞一次，其价值是要减半的。只有每天都做，才有意义。"因此，键山秀次郎坚持了六十多年，用自己的一生诠释了"凡事彻底"的精神意义。

做任何事都要懂得坚持的意义，重视长期主义，尤其在制定目标时，要懂得为自己规划长期目标，并将长期目标分划为阶段目标，以不变的恒心来应对世界的变化，终身做一事，终会造不凡。

"凡事彻底"，三是讲求自我认可与热爱。

在进行扫除的十几年间，键山秀三郎获得员工最多的评价就是："除了清扫什么都不会的社长。"但他们的讽刺却没有让他放弃，因为键山秀三郎认为扫除是一件值得被认可的事情,他发自内心地热爱扫除,无须自卑。

要做到"凡事彻底",自我认可与热爱是最重要的条件,做任何事,尤其是旁人毫不在意的小事时,发自内心地认可这件小事,不因此产生羞耻感、自卑感,保持从容心态,方能做到彻底与极致。

及时止损：成功世界里最高级的自律

及时止损——奥姆威尔·格林绍曾说，我们不一定知道正确的道路是什么，但不要在错误的道路上走得太远。

及时止损是指当事态发展到某一较差水平时，立即停止，以免造成更大的损失。

可以用"鳄鱼法则"来理解这个词语的内涵：如果被鳄鱼咬住了脚，想要解脱，就需要用手帮助脚，但你的手也会被咬住。剧烈挣扎只会让被咬住的地方越多，到最后全身都会被撕碎，这时才意识到唯一的生还希望就是从一开始就舍弃一条腿。

"鳄鱼法则"的实质就是趋利避害。严格意义上来说，就是人在面对工作、生活中的问题时，能够理智地考虑，并且能及时停止预期结果较差的事情，从而减少自己的损失。能够有大局观，牺牲局部利益往往是解决问题的最优办法。

及时止损是对自己负责

两弊相衡取其轻，两利相权取其重。在损失中不断纠缠，不仅不能弥补之前失去的种种，还会裹足不前。越聪明的人，越清醒的人越知道及时止损以及战略性放弃的重要性。

没有人能保证一件事可以一直按照自己想的那样发展，在事情的坏结果超出预期时最好的解决方式就是及时止损。处理工作、生活中不可逆转的损失时，及时止损是权衡利弊后最好的选择。心理学讲的随着事情的进行"沉没成本"增加，即在感情和生活中，存在着某种侥幸心理，以为这是一件微不足道的小事情，结果随着投入不断增加，最终却要付出很大的代价。这就需要具有抉择果断的勇气，就像壁虎一样遇到危险敢于断尾求生，生命的道路上会有新的生机，在思考和选择中迅速做出判断。

放弃同样也可以赢得新的生活方式。在失去了一些东西的同时，也会有新的机会出现。及时止损是经过深思熟虑后的选择，是与自己和解的过程。你可能为了接近目标努力，却发现工作计划和目标背道而驰，这时选择及时止损，选择与自己和解，才是最理智的。

我们不愿意承认损失，是因为不愿意面对失败的自己，这时候都会产生自我怀疑：自己的工作生涯规划是否有问题？是不是工作思维模式的问题？这是正常现象，但是我们要清楚虽然放弃得到的工作成果不易，可在发现问题后如果继续坚持下去会让自己更加被动，最终也无法靠近设定的目标。

及时停止损失并不意味着停止工作，也不意味着彻底失业。生活中的每段努力都是值得的。放弃的背后，也许是一种收获，获得一种更有意义、更有价值的成果。在及时止损的过程中确实需要舍弃一些现在认为重要的东西，但如果你能够在短期内重新回到工作中，那么你将会发现你的工作步伐变得轻松，你的能力也会得到更大的提升。

　　从前，有个人在市场上闲逛，他买了一根非常好看的鞭子。一路上，他一直在摆弄着那根鞭子，越看越是喜欢，心中暗道："这么好的一条鞭子，要是不用在一匹好马上，那多浪费啊！"于是他就再一次回到市场上买了一匹好马。

可是买了一匹好马回到家里，却遇到了很多新的问题。有了马，就必须要建一个马厩；马厩建好了要打扫干净，再把马安置进去；还要给马打草、买饲料；马喂饱了要遛一遛，马生病了要去找兽医……一连串的连锁反应带来了一系列的问题，让他精疲力竭。所以，他想卖掉这匹马。可是，看到那根漂亮的马鞭，好不容易搭起来的马厩，以及自己在这个过程中所做的努力，他又有些迟疑。

这个人的错误在于，他始终都没有意识到，他只是喜欢鞭子，而不是真正需要它，所以才会如此执着，浪费了那么多的时间和精力。

易中天曾说过，人生如果错了方向，停下来就是进步。工作之中有很多弯路，有它存在的意义，但不意味着我们知道是弯路了还要继续走下去。及时止损要求学会在绕圈子时停下脚步，学会用豁达的心态重启工作的旅程。

最好的及时止损是自律

减少损失的方式多种多样，最好的方法就是可以严格把控自己的生活，或者将目标严格执行，其实也就是做到自律。自律是及时止损的践行，及时止损是自律的升华。

长时间生活在舒适区的人，很难改变自己，因为人都有惰性。自律就是对自己进行限制，以抵抗天性中的懒惰。在飞速发展的社会中，人们对生活和工作的需求也相应地发生了变化。一个没有自律性的人，不会积极学习生存技巧和工作技巧，也就跟不上变化，慢慢被社会所抛弃。

自律要求我们在工作中确定事情的先后次序。因为每个人的生活环境和认识事物的方式不一样，所以遇到的事情也会有很大的差别。在工作上不要碰到麻烦就怨天尤人，也不要因为成功而放松警惕。在遇到问题时需要理性地思考苦尽甘来的道理，明白事物发展的正确顺序是：面对问题—深入问题—感受并解决问题—获得成功（感受快乐）。

自律需要我们改正自己的不良习惯，关键在于我们要有面对困难的勇气，将艰巨的任务变成自己愿意完成的任务。很多人选择逃避问题或者抱怨工作上的困难，就是在遇到责任和压力的时候，他们不愿意面对，这样的话问题就永远不会得到解决。

自律最重要的一点就是要有责任心。要学会为自己的过去负责，更要为自己的将来负责。负责的态度是，遇到问题不抱怨，而是直面问题，通过自己的努力，弥补自己的缺点，提高自己解决问题需要的能力。自己的人生需要我们自己负责，将来我们要为自己的职业生涯负责，而不是埋怨别人没有为你承担。我们不但要对自己负责，还要对集体、对团队、对队友、对同事负责。能够担起自身发展的重担，才是真正地做到了自律。

常怀律己之心，常思贪欲之害，始终保持着一颗平常心，才能克制住欲望。

【行动笔记】

人生最有效率的方法是：有足够的勇气去改变能改变的事，有足够的能力去接受无法改变的事物，有足够的智慧去区分它们。放弃并不意味着你必须要付出，勇敢地指出自己的错误并承认自己的错误，不要在错误的道路上越走越远。

"及时止损"，一是要求学会管理自己的时间。

管理好时间是成功前提，要合理规划自己的时间。自律地按照规划处理一天的工作内容，不会因为某项工作忙而忽略其他工作。下班回家后制订学习计划充实自己。在精力充足的时间段做最重要的工作，在精力不足时处理一些不重要的工作。

　　良好的饮食习惯和生活作息使身体保持最佳的状态，保持自律往往消耗大量的精力和意志力，有一个健康的生活习惯非常重要。

　　"及时止损"，二是要求抵制诱惑。

　　生活和工作中随处存在诱惑：可能我们去上班的路上遇到明星路演，抵制不了明星诱惑去看表演导致上班迟到；因朋友约饭而放弃跑步的计划……自律就是在不断拒绝诱惑的路上一直走下去。这就要求我们的意志必须坚强，自律是长期保持良好的习惯，不是一朝一夕能完成的。

一以贯之：做事要有始有终贯彻到底

一以贯之——即使慢，驰而不息，纵令落后，纵令失败，但一定可以达到他所向往的目标。

一以贯之，指做人做事，按照一个道理，从始至终都不改变。"一以贯之"一词出自《论语·里仁》：子曰："参乎！吾道一以贯之"曾子曰："唯。"子出，门人问曰：何谓也？曾子曰："夫子之道，忠恕而已矣。"意思就是：孔子对曾参说，我的学说可以用一个根本的原则贯通起来。曾参回答"是的"。孔子走出去以后，其他学生问道：这是什么意思？曾参说：夫子的学说只不过是忠和恕罢了。也就是说，孔子一生的研究都可以使用"忠恕"进行概括，也是用亲身经历解释了一以贯之的思想准则。

尽己之心推己及人

在工作中坚守基本的原则，是取得胜利的基石。任何事情如果半途而废，那就注定只有失败。但反过来，任何事情只要你能坚持做下去，就有了成功的可能性。

每一项发明的背后，都有一种执着的精神在主导。举个最简单的例子，没有科学家能一次尝试就取得成功，他们需要经过无数次的实验，无数次的失败，才有可能最终获得成功，甚至有人一生都在经历失败，最终也没有成功。居里夫人发现"镭"元素经历了三年零九个月，从几十吨铀沥青矿废渣中提炼出 0.1 克镭盐；法拉第用了十年时间发现电磁感应；鲍尔·海斯德为研究抗毒蛇药物，先后给自己注射了 28 种蛇毒，他一共被毒蛇咬过 130 多次，才在自己的血液里发现了抗毒素。在那些失败的背后，如果没有一份坚持，那今天的社会也就不会如此繁华。

功到自然成，成功之前难免有失败，然而只要能克服困难，坚持不懈地努力，我们就会离成功更近一步。谁也不可能随随便便成功，成功的人也一定是不随便的。

物有本末事有终始

"君子有终"出自《周易·谦》："谦，亨，君子有终。""终"，兼有恒久、成就之义；"君子有终"，即君子终身行"谦"，以成其志。古往今来成功的人都能做到有始有终。在一件事接近成功的时候也最容易失败，所以当事情快要完成的时候，也要像开始时那样慎重，始终保持认真的态度，不放松。

老子依据他对人生的体验和对万物的洞察，指出"民之从事，常于几成而败之"。很多人做不到坚持，往往在接近成功的时刻就会放弃。是什么原因造成这样的结果？一个重要的原因是，在即将完成的时候不够谨慎，不能像最初那样保持激情和坚韧，最终无法善始善终。一个人要将智力和技巧的最好状态发挥出来，往往需要自然的心态平和的条件。现代心理学证明，其实科学家成功的秘密并不在于他们拥有超出常人的智慧，而是在于他们拥有强烈的进取心，特别是有着坚持不懈的毅力，以及善始善终的精神。

建立一个大的工作目标，就需要付出更多的努力，更多的时间，还会面临更多的困难。刚开始的工作大多是一些外围的或者简单工作，到了最后剩下的都是一些难啃的骨头，这时就更需要热情、耐力和毅力。但是，在事业上的坚持常常是一件很困难的事：很多人一开始很有激情，很有劲头。但是随着困难的增大和时间的拖长，他们就变得越来越沮丧，越来越粗心大意，在成功的前一刻却甩手不干了。就像一个登山者，眼看着就要登上无尽的高峰，却因为太累而停了下来，选择了退缩，这是何等的悲哀！

忍的意义为忍苦、坚忍。所谓"头悬梁，锥刺股"，就是说的这个忍字。吃得苦中苦，方为人上人。我们做任何事情，都要经历无数的磨难，若是忍耐不住苦痛，半途而废，只能前功尽弃。想要有所作为，没有几十年的苦功，是不可能的。

无论乌云遮蔽了蓝天多长时间，只要你坚信总会有云开日出的一天，那蓝天也就不会太遥远。忍耐也是一种美德，源于内心的期望，而期望与忍耐则决定着一件事能否开始或结束，忍耐的大小和强度取决于后天的教育。价值通过满足个人的需求来体现，它包含了人的身体、心理、情感、财务等方面。人们对有价值的对象耐性更强，会更有耐心去面对、去等待，人们会为了实现价值而付出耐心。情感会影响价值，不管是对人，对事或者对物，都会因情感带动价值。

事业的成功与否可以反映出一个人的价值。事业能不能成功，取决于人的判断力和毅力。判断力让你选择正确的事业，毅力让你将事业坚持下去，做大做强。只要你对自己的判断力有信心，并且有足够的毅力，你就不用担心事业会失败。从长远的职业生涯规划来看，毅力是最重要的。

海伦·凯勒，是一个幽闭盲聋哑世界87年之久的女人，一个生活在黑暗之中但带给人类光明的女人，一个用自己英勇的态度震惊全世界的女人。在生命最脆弱的时刻，她没有放弃生命的尊严，以坚强和乐观的态度对待每一天。她经受着人生的考验，用充满爱的心胸包容这个世界，用惊人的意志去迎难而上，最终从黑暗中寻找到生活光明的一面。

《假如给我三天光明》为其散文代表作品，她站在了身残志坚柔弱女人的立场上，警示身体健全之人，要爱惜自己的生命，珍惜生活给我们的一切。她是一位坚强而伟大的女性。她创造了人生奇迹，只因她具有百折不回的精神。

"骐骥一跃，不能十步；驽马十驾，功在不舍；锲而舍之，朽木不折；锲而不舍，金石可镂。"就算没有千里马的能力，可是如果一个人拥有了驽马锲而不舍的精神，一样会成功的。

【行动笔记】

"一以贯之"要求遵循某种信念来做人、做事。我们坚持一以贯之的品质，将优良的传统文化传承下去。实践表明，贯彻执行是解决问题的根本途径，坚持用一以贯之的思想推进工作，才能开创事业发展的新局面。

"一以贯之"，一是要求工作中坚持鲜明的原则。

"一以贯之"不仅是工作态度、工作方法的问题，更是衡量自身工作原则的重要标志。工作不能停留在口号上，必须落实在行动上。要将工作落实的原则作为一种自身需求、一种工作要求、一种能力操守，不断增强自身的思想自觉和行动自觉，真正把工作原则融入具体工作中，体现到实际行动上，确保自身各项工作生根、开花、结果。

"一以贯之"，二是要求精准把控工作重点，做到统筹兼顾。

工作中一条质朴的哲理是：踏实做事为主。工作无论大小，都是靠脚踏实地一点一滴干出来的。工作有很多方法，但最实际的就是实干。实干不仅要有宏观的思维逻辑、具体的措施，更要突出工作重点、抓住关键问题,增强工作的针对性和实效性。解决重点工作带动全面工作上台阶、上层次。工作中必须坚持辩证思维看问题,既要统筹兼顾,又要突出重点。抓住重要领域集中精力、集中资源,确保工作取得更大突破。

将爱注入：以热爱之力成就伟大事业

将爱注入——如果你只为薪水而工作，你的生活将因此而陷入平庸之中。你找不到人生中真正的成就感。生命对于某些人来说是美丽的，这些人的一生都在为某个使命而奋斗。

爱是一种存在于人与人或人与事物之间，包含情感、责任等因素的正能量。

身处社会环境下，事业就是人一生的主旋律。想要在人生价值中实现满足感，最好的方式就是将热爱注入其中，以热爱作为事业的支柱，使它成为事业旅途中不竭的动力来源。

心中有爱不觉累

《论语》中提出："知之者不如好之者，好之者不如乐之者。"由此可见，做事情的态度非常重要。如果在工作中缺乏热爱的态度，最终只会一事无成；如果缺乏对工作的热爱精神，那也只会碌碌无为。

态度往往可以预示很多事情的结果。在现代社会的日常工作中，不可避免地面临许多非做不可的事情。在做这些事情时，人们往往会带有抵触情绪，导致工作效率下降，心情也变得焦躁。如果最后工作没完成，还会遭到领导的责怪，打击到自己的自信心。如果你怀揣着一颗热情的心来完成这些事，那么你的工作效率将会得到极大的提高，随之提升的还有你的工作能力、你的自信心，甚至是对工作的恒心、耐心和细心也得到了磨炼。

对事物的喜爱是决定成败的重要因素。爱这种情感中包含着巨大的能量，有显著的积极作用。爱是生活的核心、是爱情的根基、是人际关系的黏合剂、是幸福感的来源。无数爱岗敬业的人，在自己平凡的岗位上怀揣着一颗热爱工作的心，将自己化身为一枚"螺丝钉"，工作中认真负责、任劳任怨，贡献自己的一份力量。

有着"禾下乘凉梦"的"杂交水稻之父"袁隆平，用自己一生的时间攻破了一道道杂交水稻的种植难题，甚至在沙漠、盐碱地等看似完全不能生长农作物的环境下都实现了种植。视科学为生命的他，直到生命的尽头还不忘科学研究。

耕耘始终如一，所以饱满；梦想念兹天下，所以不凡。如果不是对事业的热爱，不是对生命的热爱，不是对祖国的热爱，他又怎会将自己的一生都奉献给了杂交水稻。

热爱是提升工作效率的内在第一驱动力。要做到热爱，一方面，寻找到适合自己的工作；另一方面，自身拥有良好的关注力管理技能是实现高效工作的保证。如果你发现自己的工作效率不如其他人，请务必自我反省，培养适合自己的注意力管理能力。

心定一事事则成

"一事不定，不动二心"。看起来是在说事，其实是要求内心的安定。很多伟大的想法，都最终折损于天马行空的假设；许多有利的资源，都浪费于三心二意的思想。

"我不能躺下，躺下了，就起不来了！"在人生倒计时的时刻，林俊德9次请求医生，同意他下床到电脑前处理工作。从确证至死亡的27天里，他戴上了氧气面罩，身上插着十几根管子，坐到暂时搬到病房的桌子前，在笔记本电脑上移动着鼠标……"C盘已经完成。"办理了最后一项任务，他无法再坚持下去，2012年5月31日20时15分，这位"两弹一星"的重要开拓者永远地闭上了双眼。自1964年中国第一颗原子弹爆炸成功以来，至1996年再次地下核试验取得成功为止的32年，林俊德参加过我国所有核试验。在林俊德生命倒数的第二天，他回首过去："我这辈子只做了一件事，就是核试验，我很满意。"弥留之际，以羸弱的声音反复嘱咐："死后将我埋在马兰。"

我国保密核工业基地马兰，在地图里根本搜索不到它。在林俊德研究员看来，马兰就是自己永久的"家"。

在这个世界上，有很多天赋异禀的人，但是很少有人能坚持在自己的道路上一直走下去。生活中最精彩的事情不在于自我放纵，而在于自我约束。

"心念一响，震动十方。"你要清晰地明确工作中的目标，用资源为工作目标服务。在自身工作资源充沛的情况下，要学着聚焦资源，为发展提供更有利的条件；当工作资源缺少时，要学会聚精会神。

失败的背后往往是贪心不足以及执念作祟。人们极易被外在环境所影响，跟随他人的看法，也就是所谓随波逐流、人云亦云。这是因为我们出卖了自己的初心，迷失本心、迷失自己。有的人以现实、生存为由为丧失自我寻找借口。这是站不住脚的，许多先贤已经用行动告诉我们要有穷达不堕、生死不渝的定力。面对事情要有一颗沉稳的心，才能达到"静亦定，动亦定"。

一个人能兼顾的事情是有限的，心中所念的事情太多，会导致任何一件事都做不好，所以阶段性聚焦还不够，要不断聚焦、集中精力做好一件事。

> 【行动笔记】
>
> "天下兴亡，匹夫有责"，这是每个工匠应有的情怀，将"小我"融于"大我"，用民族精神铸起爱国主义的丰碑，用一生践行自己的工匠情怀。人生短暂，希望每个人做出属于自己的选择，从事自己所喜爱的工作，发挥匠人精神，唯有真爱，方能持久。
>
> ---
>
> "将爱注入"，一是用平和的心态看待问题。
>
> 面对工作中的烦恼，我们学会向前看，摒弃这种烦恼。随时暗示自己保持好心态，工作中难免会遇到一些忧心的问题，但是要时时刻刻暗示自己"不以物喜，不以己悲"。另外，还要学会发泄。工作压力大在所难免，但只要发泄得当，压力也会成为我们的动力。
>
> 实用小方法：集中工作25分钟到45分钟后，利用冥想放空身心，用短暂的脑部休息来抗击疲劳和减少压力。
>
> "将爱注入"，二是设定工作目标。
>
> 一个人若是没有目标，就如同行尸走肉。工作的意义在于实现目标，如若你不能坚持初心，去完成定好的目标，那你对工作的厌烦感会与日俱增。为了完成目标，我们要学会分清主次，每天集中时间处理重要工作。
>
> 实用小方法：每天列出清单，集中精力攻克重点项目，一项需要思考深度的工作至少应该沉浸于其中25分钟后再休息。
>
> "将爱注入"，三是工作中与人交流，同频合作。
>
> 如果工作中需要与人交流，尽量集中在一起做，让其他人跟随你的

交流节奏，而不是任由他人把自己的时间和注意力打得粉碎。

实用小方法：如果有工作需要讨论或者与人商议决定，最好放在一天工作之初或者最后，提前整理好讨论问题会更加高效，将时间控制在一小时之内。

顾客价值：抓牢工作为顾客创造价值

顾客价值——树立顾客利益第一，自我利益第二的意识，坚守工匠精神，追求卓越品质，打造匠心服务，为顾客创造非凡体验，带给顾客美好享受。

某日，制帽匠人的工作室走进一位顾客，手中拿着一张羊皮，这位顾客对制帽匠说道：

"请用这张羊皮为我制作一顶帽子吧，万分感谢！"

"好的，乐意为您效劳。"制帽匠接过羊皮并表示三天后可取。

顾客走后，制帽匠依据顾客的头围数据裁剪羊皮，发现这张羊皮很好也很大，除了可以制作一顶帽子，还可以利用剩余的材料制作一些其他的用品。

三天后，顾客依约而至。

然而，他不仅收到了一顶制工精美的帽子，还收到了一副儿童羊皮手套，以及一个笔套。顾客看见另外两样物品时，感到非常惊喜，对制帽匠说：

"我以为您会将多余的边角料扔掉，没想到您居然利用它制作了手套和笔套，真的很感谢您！"

"这是我应该做的，尽我所能为顾客创造更多价值是我的职能所在。"

为顾客创造价值是工匠精神的本质，无论是精益求精的态度还是追求卓越的心劲，无论是做到极致的执着还是苛求细节的严谨，回归本质而言，都是为了打造出无愧于自己更无愧于顾客的精致产品。

聚焦品质，用匠心赢得人心

我们处于一个怎样的时代？

我们处在一个追求精神需求的时代，一个更加注重精细品质和独特体验的时代，这个时代，厚植精神与文化，这个时代，将产品当成艺术，将质量视为生命。一切从顾客角度出发，以工匠之术为顾客创造价值，是企业立足这个时代的根本所在。

工匠，追求极致，专业且专注，他们不断改善自己的工艺，享受产品在自己的手中升华的过程，这是工匠本身的品性，是在制作产品过程中所追求的个人价值观与社会责任感，而这一品性的根本是顾客。因为心向顾客，为了让顾客拥有良好的体验，他们精益求精，以己之力为顾客创造极限的价值。在这个注重品质，注重精神满足，注重个性发展的年代，面对自己所服务的顾客，企业需要这种"工匠精神"，需要始终坚持以顾客为关注焦点，持续为顾客创造价值，从而实现自身的价值。

山东滨州的味庄餐饮从菜品、服务、环境都别具一格，尤其是味庄餐饮旗下的"新周记·粤宴"，是高端艺术商务宴开创者。相对于规模，他们更倾向于品质，相对于速度，他们更倾向于耐心。在餐饮这一个领域内，不断提升自身的专精水平，就像味庄餐饮当家人周亮先生所讲："与其在量上贪婪，不如在品质上进取，做餐饮就像做绣花鞋，一针一线需要慢慢打磨。"

味庄餐饮有一道名吃，叫做"周记·佛跳墙"。他们用"笨功夫"，做出让顾客入口难忘的匠心佳作。周记·佛跳墙经历了两年多反复打磨，才完成最后的融合。两年时间里，他们在国内南北方的多个城市，品尝过、研究过做法各异的佛跳墙，认真学习借鉴，才最终有了味庄周记·佛跳墙这个产品。他们对各种版本的佛跳墙进行了融合与升级，同时为了满足北方人的饮食习惯，在佛跳墙底汤的熬制时间与食材上做了更大的调整与创新。食材上求真只为给顾客地道的品鉴，呈现上至美，只为给顾客更尊贵的精美极致体验。

于企业而言，顾客价值是其经营、竞争的核心要素，是衡量企业内部行为、资源安排、产品质量的一个基本的标准与价值取向。顾客价值是一种行为准则，无法用具体概念诠释，它可以说是企业的一种战略思维方式与顶层架构，是企业所追求的目标。

用心用情，为顾客创造价值

企业为顾客创造价值，顾客才会为企业创造价值。工匠精神可以说是企业与顾客之间一种无形的契约，企业全面传承与弘扬工匠精神，精细研磨每个生产环节的质量，形成内在的高标准，为顾客创造良好体验与更高价值，才能获得顾客信任。江苏省南通市的徐庆军深谙其道，他深知自己对顾客用心用情，顾客也会对他全心信赖。因此，他坚守工匠精神，将自己的修补事业一扩再扩。

徐庆军经营的亮点皮具护理店是南通市最早的一批从事皮具护理的专业门店，最初的业务只涉及修鞋与皮鞋护理。自开业以来，徐庆军的皮具护理店节假日不休，用心服务着千家万户。在徐庆军店里，80岁以上的老年人和残疾人不收费，每一位到店的顾客，徐庆军都热情招待。

顾客的鞋裂开了边,他不仅将裂口黏合得毫无痕迹,还会细心地将鞋子其他有小问题的地方修好,例如顾客的鞋扣松了,他给紧一紧;送来的鞋子上有一小块擦痕,他给修补好。最后他会将每一双鞋子擦拭得干干净净,等顾客取鞋时,鞋子仿佛新买的一般。

徐庆军深知顾客就是"活资源""铁饭碗",只有全心全意,用情服务每一位顾客,让他们满意,才能把他们留住,才能将事业干好。多年来,徐庆军坚持"修补不偷工、过年不涨价"的原则,赢得了好评与口碑。同时,他还细心钻研技术,致力于开发新项目。

随着店面的拓展,徐庆军的亮点皮具护理店的固定客户发展到1.8万人左右,从最初的小小削皮刀、胶水、皮锤,到后来的干洗机、封边机,从皮鞋尖头改圆头、鞋面无缝缝补,到后来的奢侈品护理、汽车内饰翻新,设备、技术越来越先进,服务范围越来越广泛,但徐庆军对品质精益求精的态度没有变,他用双手为顾客创造了"脚上的价值",用踏实、细致的态度印证了坚守工匠精神,以顾客为中心,顾客会自动持续靠拢而至的至理。

顾客价值、以顾客为中心不是想象中那样简单,坚持工匠精神,抓牢工作为顾客创造价值,是一切依赖顾客生存的个人或企业应该坚守的准则。品质时代,为顾客创造价值,才能为自己赢得市场。

【行动笔记】

各行各业需要深刻认识到匠心服务的重要性与必要性,坚持以顾客为导向,用户至上,为顾客创造更大价值,坚守工匠精神,提升品质,不忘初心。

"顾客价值",一是讲求赢得顾客。

顾客是本,创造顾客价值的前提条件是拥有顾客。所以,企业的目的首先在于赢得顾客。企业必须具备优异的信誉,树立良好的形象。一个有德行的企业,一定会打动顾客,赢得信赖。

"顾客价值",二是讲求实现顾客认同的价值。

顾客价值是一个动态的概念,简单而言是消费者的主观感受,要实现顾客认同的价值,就要以顾客为导向,洞察顾客需求,及时收集顾客的反馈信息,从反馈信息中明确顾客的价值认同点,并以此为标准,追求让顾客满意的结果,追求超出顾客预期的结果,即超越顾客认同的价值,实现优秀产品、匠心服务的叠加。

"顾客价值",三是讲求聚焦品质。

为顾客创造价值的本质要求就是坚守工匠精神,聚焦品质,利用好各项资源,对产品精雕细琢、精益求精,在包装设计、原料研究、施工工艺等各个环节追求完美品质,严格把控每个环节的质量,贯穿始终,真正做到以产品赢得人心,用匠心赢得口碑。

不走捷径：要有做事不折不扣的耐心

不走捷径——工匠最好的捷径，就是不走捷径，不嫌麻烦，不要小聪明，按照标准、程序、制度，用不折不扣的耐心去做专做精每一个细节。

在日复一日的工作中，很多人似乎都想要找一条捷径，用最短的时间来实现自我价值。但殊不知，所谓的捷径才是最远的路径。真正的捷径，是脚踏实地、一丝不苟，对待一切都要有足够的耐心。

不走捷径，保持耐心

马克思在《资本论》一书中写道："在科学上没有平坦的大道，只有不畏劳苦沿着陡峭山路攀登的人，才有希望达到光辉的顶点。"这句话启示着人们，在进行哲学社会科学研究的过程中，不能持有蜻蜓点水、急功近利的态度，而是应下苦功夫、不畏艰辛，不走捷径，一步一个脚印。

其实，不论是进行哲学社会科学研究，还是开展其他日常工作，都要保持耐心，不要试图走捷径去敷衍了事。在当下社会中，每个人都在朝着成功的方向努力奋斗，迫切想要实现人生目标。先进者勇争第一，居中者奋勇向上，落后者奋起直追，呈现出百花齐放的时代画面。这种时不我待的"急"与紧迫感，展现了当代人积极奋进的进取精神。

但需要注意的是，有的人是急于行动，不经过慎重思考和充分准备，就立马采取行动，急功近利，想要一蹴而就，结果欲速则不达，一事无成；有的人是急在想法，没有足够的工作经验和较强的工作能力，就好高骛远，认为凭借自己的能力就能实现创新和改变，结果事与愿违，难有大作为。这样的"急"不仅无法实现设想的目标，反而会适得其反。

急于求成则不成。工匠的"急"是要有不走捷径的责任感、成就事业的紧迫感；工匠的"急"是要具备脚踏实地的态度、耐心钻研的精神。工匠要认真对待"急"与"不急"的关系，认知两者的辩证关系，急对地方、急对方式、急出效果。一味求急，只会急错地方、急出错误。

脚踏实地，践行匠心

身处工作岗位的工匠需时刻警醒自己，凡事要有紧迫感是正确的，但这并不意味着要急于求成。如果急于求成，受诸多客观原因，如时间、技术等因素的影响，极易出现一些纰漏，这些看起来微小的纰漏却可能是影响事情成功的主要因素。所以，在面对工作的时候，工匠要懂得慢工出细活。

"成长的道路上，不走捷径就是最大的捷径。"自工作以来，王曙群将"工匠之心"融入"初心"，不走捷径，耐心奋斗，从一个拧螺丝的装配工人，成为我国唯一的对接机构总装组组长、载人航天工程总装领域杰出的技能领军人物。

王曙群的主要工作内容就是对接结构的装调。在每次对接的时候，12把锁必须同步锁紧、同步分离。面对这种严格的工作标准，王曙群勇担重任，从多达150万个数据中寻找线索，亲自带领团队不断实验、反复调整、总装，最终确保了"神舟"飞船航天器在太空顺利完成精准对接。

王曙群始终身体力行地践行着匠心、匠德。在面对各种难点时,王曙群从未想过走捷径、投机取巧,而是全神贯注、持之以恒。在追求极致、卓越、精准的同时,王曙群不断更新自己的知识技能,确保自己可以走在产业发展的最前沿。

不走捷径,保持耐心,这是工匠的行事风格。哪怕十年磨一剑,也绝不心浮气躁,马马虎虎。他们深知慢工出细活的道理,因为慢所以能全神贯注,因为慢所以能专心致志,最终所呈现的作品也会更加完美。

慢工出细活,体现的是责任。"慢"体现的是积极的工作心态,"细"体现的是极高的工作标准。但,慢工出细活所强调的关键点不是"慢",而是"细",尽自己所能将工作做到最好。为了"细"可以慢,但不要为了"慢"而"慢",将慢工出细活作为做事拖沓的借口和理由。

【行动笔记】

唯有埋头,才能出头。急于出人头地,除了自寻苦恼之外,不会真正得到什么。作为工匠精神的传播者,工匠应具备"不走捷径"的意识和保持耐心的意志。

"不走捷径",一是要严谨细致,不看轻任何细节。

细节决定成败。有时候,看似只是一件微不足道的小事,却会影响到整件事情。在工作中,马虎轻率是大忌,很多事故和失败都是由此产生的。正如明代学者胡居仁所说:"心粗最害事,心粗者,敬未至也"。在他看来,只有心细的人、心敬的人方能成就事业。

工匠决不能走"偷懒"的捷径,要从细小之事做起,要保持艰苦细致的工作作风，关注每一个细节，将每一件小事做细、做实、做精。

"不走捷径"，二是要跳出以往的经验，不怕麻烦。

在重复的工作中，一些看起来简单的工作却需要不断层层把关。长期面对这种情况，工匠决不能出现厌倦情绪，更不可"跟着感觉走"，让自己以往的"经验"蒙蔽自己的双眼，认为第一次这么做的，第二次也是这么做的，以后这么做也不会有什么问题。

工匠想要不走捷径，又想以最快的速度成长，就需要打破传统思想桎梏，减少不必要的工作流程。这样，在提升工作效率的同时，还能最大程度上避免意外事故的发生。

"不走捷径"，三是要保持耐心，不断精进。

工匠之所以可以称为工匠，是因为有"精益求精"的理念。当有了"精"的理念，工匠将会时刻注重对"精"的追求，那么才更有可能出精品。工匠要保持积极向上的工作心态，耐心对待每个环节、每个步骤，以"求精"的态度去面对工作，工作才能更加出色。

做到极致：工匠的世界没有"凑合"

做到极致——任何成功都不是一蹴而就的，需要工匠遵循规律，持续精进，持续改善，在持续打磨中做到极致。

《诗经》有言："如切如磋，如琢如磨。"这反映着古代工匠对产品的执着和用心，不会忽略任何一个细节。从古至今，精品佳作都是在匠人耐心打磨、精益求精的过程中产生的。精于工、匠于心、品于行，是大国工匠的闪光之处，也是大国工匠受人尊重的原因。

做到极致，持续不断

什么是工匠精神？工匠精神的实质就是把品质做到极致，工匠心中应该扎牢品质之根，视品质如生命，对品质严谨而细致，并持有锲而不舍的态度，迈进新时代后，工匠作为践行工匠精神、弘扬工匠精神的重要主体，要贯彻做到极致的负责态度。

做到极致，是要在品质上精益求精，时刻将"勤、严、慎、细、实"作为工作标准和基本要求，绝不忽略和允许细小的误差和失误。将"精"和"优"作为目标，将"追求卓越，习惯优秀"作为工作准绳，把"精雕细琢、精益求精"作为工作常态。

在产品同质化的当下，胖东来以极致服务获得了用户的信任，每个方面和细节都体现出严谨和极致风格，为用户提供了极佳的体验。虽然胖东来没有在全国遍地开花，但却在河南成为超市界的天花板，不仅挤掉了丹尼斯和世纪联华，还让沃尔玛筹备六年不曾开业。

深究胖东来如此成功的原因，绝对离不开创始人于东来的付出和努力。于东来十分注重工匠精神，并将其落实到零售服务中。正如于东来先生所说的："企业培养的应该是工匠，不是工具。"这句话直接说出了胖东来成为中国最好的零售企业之一的真谛。

那么，在于东来眼中，做到极致的工匠精神是怎样的？全球最年长的米其林三星大厨小野二郎，在日本东京银座的一间小小的地下室开设的寿司店只有10张座位，而且需要提前一个月订。不仅如此，他的店只提供寿司，其他的小菜和饮料概不提供，人均消费达3万日元。小野二郎这种一辈子只做一件事，并且把它做到了极致的精神，就是于东来推崇的工匠精神。

倡导工匠精神的胖东来，始终努力将员工培养成为医药专家、珠宝专家、服饰专家、电器专家、电工专家、保洁专家、存包专家……

在胖东来官方网站上，有这样一句话：将毕生岁月奉献给一门手艺，一项事业，一个信仰，这个世界上能有多少人做到呢？如果你能做到，你就是幸福的！如果每个员工都能以做到极致、精益求精的态度来对待工作，那么工作就不仅只是一种谋生的手段，而是生命价值的体现。

做到极致的真谛是持续，也就是工匠持续做正确的事情。做正确的事，不仅是要有正确的方向，更是要用正确的方法，这是传承和弘扬工匠精神的关键所在，也是塑造工匠精神的基本要求。正如稻盛和夫所说的那样："看起来平凡的、不起眼的工作，却能坚韧不拔地去做，坚持不懈地去做，这种'持续的力量'才是事业成功最重要的基石，才体现了人生的价值，才是真正的'能力'。"

做到技术精湛，精益求精

《庄子》中有"运斤成风"之说，匠人挥动斧子可以将对方鼻翼上的粉屑砍斫下来，却丝毫不会伤害到鼻子。这是一种技艺。时至今日，以匠心求极致的境界仍是所有工匠追求的目标和方向。

艾爱国是我国"七一勋章"获得者，他坚守在焊工岗位已经50多年了。择一事，终一生，是对艾爱国事业的最佳诠释。在所有的焊接工艺中，难度最大是的大型铜构件，工作人员需在超700摄氏度的高温材料旁进行工作，在仅仅几分钟的窗口期内，工作人员不仅要做到连续施焊，同时还要做到精准找点，一点点的偏差都会导致失败。艾爱国也曾说："焊的时候皮肤绷紧，手不自觉地颤抖，不知道能坚持到第几秒。"面对这样高难度、高挑战的工作，艾爱国不仅没有退缩，反而将更多的精力倾注于此，在无数次的练习和实践过程中，提升自己的专业水平，最终实现了焊接技艺的"由技入道"，他也从焊接高手蜕变为焊接工艺高手，将让旁人望而却步的难事，变成了自己的拿手绝活。

艾爱国的工作态度，生动体现出匠人坚定信念、做到极致、不言放弃的工匠精神，以不断完善工作、不断精进技术为目标，古今匠人以工艺专长造物，在不断精进与突破中演绎着"能人所不能"的传奇。工匠的"匠心"在经过时间的淬炼后变得更加坚定，工匠的"技术"在时间的检验下变得更加精进。

【行动笔记】

将一件事情做到极致,其实是要求工匠对一件事情要始终保持热情、专注,越是极致越能接近完美。

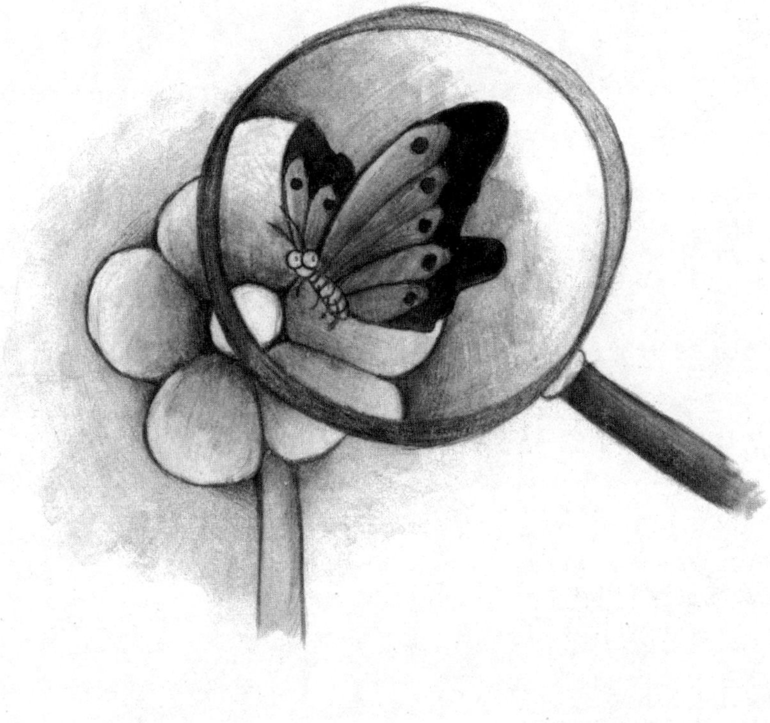

心存敬畏：如负泰山般的神圣责任感

心存敬畏——对自己所从事的工作心怀赤诚，同时诚惶诚恐，努力做好。

南宋学者朱熹在《中庸注》中说："君子之心，常存敬畏。"主要是在告诫人们，人生在世，要常常心存敬畏之心。

敬畏，是人们对待万事万物的一种态度，在尊敬的同时也心存畏惧。但敬畏的重心不在于畏，而在于敬，要发自内心地敬仰与尊重。心存敬畏是工匠自省的内在驱动，可以帮助工匠及时发现错误、改正错误。

心存敬畏，行有所止

孔子曾经说过："君子有三畏：畏天命，畏大人，畏圣人之言。小人不知天命而不畏也，狎大人，侮圣人之言。"也就是说，君子这一生会有三种敬畏，一是敬畏天命，二是敬畏王公大人，三是敬畏圣人的言论。小人不懂得天命不可违的道理，所以不懂敬畏天命，轻视王公大人，侮慢圣人的言论。

心存敬畏之人，做人会有原则，也会严格遵守原则，绝不会突破道德底线，他们会有所为，也会有所不为。工作人员想要成为工匠，培养工匠精神，就要对岗位和工作有所敬畏，这样才会有忠诚之心，才会全力履行自身职责，才会严于律己。

但敬畏，并不是恐惧，它是一种人生态度，更是一种行为准则。因敬而尊重。工匠心存敬畏，方能行有所止。

敬畏工作，既要有"责任重于泰山"的敬重，更要有"如履薄冰"的畏惧。不敬畏工作，只将工作当作挣钱的渠道，就会堕落为混日子的员工。

敬畏岗位，岗位是完成职责的平台，也是实现价值的平台。无论职位如何，工匠都应肩负起公司和领导的信任，将岗位当作一生事业来对待，全身心投入工作中，脚踏实地、兢兢业业。

有了敬畏，才有了专心致志

凡善怕者，必身有所正，言有所规，行有所止，偶有逾矩，亦不出大格。工匠要懂得敬畏，敬畏天地、敬畏生命、敬畏自然、敬畏规律、敬畏道德、敬畏工作，敬畏一切应该敬畏的东西。

现任海尔集团董事局名誉主席张瑞敏先生曾说：把每一件简单的事做好就是不简单；把每一件平凡的事做好就是不平凡。那么，如何在漫长的生涯中始终将平凡的事情做到最好，海尔用心存敬畏给出了答案。

心存敬畏，不断追求工作的零缺陷和高灵敏度，缩短解决管理问题的时间，并尽最大努力降低经济损失和其他损失，实现企业管理的精细化，逐渐消除企业管理的盲区和死角。在工作零缺陷和高灵敏度理念的影响下，海尔大大降低了成本材料的消耗，实现了管理的及时化、全面化和有效化，做到每个环节、每个步骤都一丝不苟。

心存敬畏，将工作做到环环相扣、疏而不漏，海尔以"严、细、实、恒"的管理风格，借助公司的规章制度将工作做细、做实、做严，确保每个产品都是严格符合生产标准的。

敬畏之心，不是对领导或是上级的敬畏，而是对工作本身的敬畏，这样才能让自己走得更远、更稳。

【行动笔记】

在日复一日、年复一年的工作中，我们或许会感枯燥、乏味，甚至会对工作有所懈怠。而想要始终对工作保持热情，就需要怀有敬畏之心，知方圆、守规矩，踏踏实实干事。

"心存敬畏"，一是要敬畏规章，坚定不移遵守行业准则。

在工作时，要时刻敬畏规章，对每个产品负责，对每个步骤负责。工匠所选择的工作方式和工匠技巧，都很有可能对产品和企业产生影响。作为一名具备工匠精神的工匠，应该从工作中的每件小事做起，立足于每天的工作流程，以保持和提升产品质量为核心，以服务用户和市场为根本，从分析产品的每个细节入手，无论是毫不起眼的细节，还是较为重要的细节都应以严谨的态度对待，不忽略任何细微之处，有效将自身多年经验融入产品和工作中去，积少成多，不断学习，以敬畏的心态去对待每一次工作。

"心存敬畏"，二是要敬畏职责，不断追求卓越的工匠精神。

从工人到工匠，道阻且长，需要的是日复一日、年复一年经验的积累，要不断修正、优化工作流程，面对不足要时常总结复盘，及时果敢作出决定。不仅要从技术层面提升产品质量，更要从心理方面调整自身状态，从而更好应对复杂的变化，不断追求卓越。工匠要在平淡中苦练本领，要在失败中磨炼技能，这样才能从容面对一切。

将每个细节做到完美是一项极为困难的事，但若是有所遗漏，哪怕只是一个小小的细节，也有可能会让你付出沉重的代价。所以工匠要怀揣敬畏之心，不忽略任何一个细节，不放弃任何一个漏洞，时刻做到"眼到，口到，手到"，发现问题，解决问题。

效率意识：最高效率是不返工、不退步

> **效率意识**——最高的效率是不返工，最快的进步是不退步。

新时代工匠精神的内核是"高质与高效并重"。工匠们在打磨一件产品时，坚持精益求精并非不追求效率，而是把事情做到极致、做到彻底，打磨出近乎完美的产品，减少返工返修的概率，自然就提高了效率。

"最高的效率是不返工，最快的进步是不退步。"这是新时代工匠应具备的品质效率意识。

不返工就是高效率

最高的效率就是不返工。然而，在现实社会中，很多企业都在不断返工，因为急于求成、急功近利，不注重产品质量，只是一味地快速大批量生产。结果这些不合格的产品流入市场后，遭到客户的不满和投诉，最终只能召回产品，进行返工返修。如此反复，反而拉低了企业的生产效率。

其实，不返工的核心在于每一位生产者都要具备认真严谨的工作态度，在最开始时就严格遵照标准和原则去做事，在生产中坚持精益求精、一丝不苟，最后完成的标准是一次就做到位彻底不返工，这样才能真正提高生产效率。

德国建筑就是十分具有代表性的案例。德国的建筑师在建造一座房子

时，不是一味地求快，也不只追求外表美观，更注重的是细节，让建筑更稳固、寿命更长久。一砖一瓦，一凿一砌，都是在为百年大计做打算。

这主要源于德国人做事认真、严谨的性格。德国工匠在制作一件产品时非常专注和严谨，大家都默默做着自己的工作，很少与其他人闲聊。这种认真、严谨的做事风格不仅没有降低生产效率，反而因为十分专注细节提高了产品品质，进而大大提高了生产效率。

认真严谨的工作态度，其实就是工匠精神的精髓，是不返工的一个重要因素，这样可以从很大程度上降低不合格产品的出现概率，减少后续的返修工作量。

在这一方面，德胜（苏州）洋楼有限公司（以下简称"德胜洋楼"）也是一个很好的例子。

德胜洋楼专门从事美式木制别墅建造，占据了国内木结构别墅70%以上的市场份额。它建造的美式木结构住宅的标准甚至超过了美国，并且20年无需翻新重修。它为何能达到如此成就呢？这主要源于德胜洋楼精益求精的工匠精神，以及坚持质量优先的企业理念。

其实，在快速发展过程中，德胜洋楼也尝试过扩张，想要进一步提高市场份额和经济效益。但因为快速扩张导致公司对一些建筑项目的质量把控有所下降，虽然质量上没有出现过重大纰漏但相较之前却也存在下滑的现象。因此，在2004年公司发生了几起返工事件。这让创始人陷入了深深的反思，决定始终都要坚持质量优先。此后，德胜洋楼设立了程序中心和质量督查长，严格监控工程项目的程序和质量。

如今，德胜洋楼对于施工质量的要求更加苛刻，编制了《美制轻型木结构操作规程细则》，对地基、主体结构、水电安装等各个方面都做出了严格且详细的规定，并要求德胜的建筑工人严格遵从该细则中的规定进行施工。

当今时代，快节奏是现代社会最显著的特征之一，生活节奏加快、生产速度加快，一切都处于快速前进中。但是求快的同时，更要求稳求质，正如"不返工才是高效率"。新时代工匠精神的内核是"高质和高效并重"，产品品质提高了，效率自然也就同步提升了。

不退步就是在进步

人人都想快速进步，任何企业都想实现快速发展。追求进步是积极进取的表现，是一件美好的事情。但是追求进步需要长期坚持，要取得成效并非立竿见影的事，需要经过日积月累才会有明显的提升。因此，我们在追求高效的同时，更应该保持一种平和的心态，不要急功近利。

正如一棵小树在一天一天地生长，我们在短时间内可能看不到它的变化，但是经过数十年之后，它就长成了参天大树。树木如此，人也是如此。当我们决定做一件事时，不必太在乎短时间内的成果，长期坚持下去，目标自然会达到。不要过于求快，"其进锐者，其退速"，进得快退得也快，必须保有恒心。

正所谓"不退步就是在进步"，那么如何做到不退步呢？

一是不走弯路。要保证自己不退步，就要做到不走弯路，在做事情之前就制定清晰明确的目标，选定正确的方向，充分预见可能产生的结果，经常总结以往的实践经验。同时，以优秀工匠为榜样，多向他们学习优秀的技术和经验。

二是温故而知新。追求进步不能好高骛远，而是要脚踏实地，日日精进。要想掌握更多的新知识、新技术，工匠们就需要经常温习之前学过的知识，反复练习自己每天都在使用的工艺和技术，从"温故"中"知新"。

进步并非一朝一夕可以实现，只要我们保有恒心，日日精进，朝于斯、夕于斯，自然会有所进步。

处于快速发展的社会中，我们应该具备效率意识，但效率意识并非急功近利，最高的效率是不返工，最快的进步是不退步。我们在做事时践行工匠精神，坚持精益求精、高质与高效并重，自然能提高做事效率，取得非凡成就。

【行动笔记】

精，是工匠精神的内核；快，是这个时代的规则。实际上，"精"和"快"并不矛盾。"精"是"快"的基础，只有脚踏实地、精益求精，才能练就高超的技艺，以更高的效率、更快的复制力去生产更多精品。

"效率意识"，一是要脚踏实地，坚持精益求精。

即使要实现大规模、高效率、标准化的生产，也要先以工匠的精湛技术为基础。没有精益求精的态度和工艺，企业想获得的高利润和高效率就无从谈起。新时代工匠亦需要通过精益求精的要求锤炼技艺，进而打磨出成体系的标准和规范，从而实现又"快"又"好"地复制。

"效率意识"，二是要杜绝返工，一次把事情做好。

杜绝返工，要求我们树立"品质零缺陷"的目标，坚持"一次做好、一次做对"的做事原则，持续进行质量改进，熟知生产标准，减少不良品的产生，降低返工概率。一旦出现问题产品，就要追根溯源，将问题产生的根源找出来并加以解决。

"效率意识"，三是要及时复盘，避免重复犯错。

复盘思维是一个刻意练习的过程，可以避免我们总是重复犯同一个错误。具体流程是：做完一件事情后，回顾过程，反思原因，探究解决方法。经常这样做就能取得进步，提升自己的能力，提高做事效率。很多知名企业家都是复盘的高手，经常复盘让他们避免重复犯错，企业效率自然提升。

及时复盘：坚持蓄能的自我成长方式

及时复盘——这是一个动态的过程，以动态和成长性的眼光看待问题，研究过去，总结经验，着眼未来。

精益求精、追求卓越、凡事彻底……这些都是匠人身上最淳朴的品质，尤其是手工制品盛行的时代，工匠身上务实、求精的精神闪耀着光芒，令人钦佩。"工匠精神"随着时代的发展也在不断更新，传统的工匠精神不断被加入新的元素，及时复盘是新时代赋予工匠精神的新内涵。

及时复盘其实一直根植于工匠精神之中，只不过相较于专业、极致这种更为凸显的传统工匠精神内涵，它更加地内敛。及时复盘是一种持续蓄能的自我学习方式，也是工匠提升自我的重要路径。那些获得"技能大师""大国工匠"的匠人们，能一步步成长至此，是他们懂得及时复盘，能够耐住心性，直面错误，在一次次的失败中总结问题，自我提升。因此，及时复盘作为一种工匠品质，在新时代，在更强调突破性与创新性的发展阶段，逐渐爆发出令人无法忽视的光芒。

反思、精进、成长

司马光小时候记忆力不好，因此，他需要在晚上比其他人更加努力地去记忆一篇文章，但如此晚上就会睡得晚，早上便会赖床。为了能够早起，司马光想到了以憋尿的方式让自己早起。所以，临睡前，他就会喝几大碗水，希望早上可以早起，但是却失败了。司马光又想到自己的母亲每天都会早起，可以让母亲叫自己起床，结果第二天母亲因为心疼他睡得晚，所以没有叫醒他，司马光的计划又失败了。第三次晚上，司马光在院子里背书，无意间睡着了，后来因为枕在头上的圆木滚走，司马光摔倒，他瞬间清醒了。司马光从中受到启发，马上将自己的枕头换成了圆木枕头。

有些下围棋的高手每完成一次比赛后，都要将棋局再重新研究一遍甚至几遍，在这个过程中研究出自己每一招的优劣势与得失，从而改变自己的招式，以应对之后的比赛。

无论是司马光还是棋手，他们都是在不断总结与复盘的过程中发现问题，解决问题。及时复盘，就是一种自我学习与提升的方式，是对自己曾经做过的事情进行回顾与盘点，分析成功与失败的原因，认识和总结其中的关键点，从而不断调整行为，在一次次复盘中精进自我，最终实现目标。

蓄能、突破、提升

成功是一种结果，更是一个过程；失败是一个过程，而不是结果，在失败与成功的过程中，真正有价值的是我们对过程的反思，是我们对过程的总结与凝练。我们的生活、工作总是充满了变化与未知，我们在前进的道路中难免犯错，犯错并不可怕，重要的是我们要有直面错误的勇气，我们要在犯错后知道因何而错误，以及知道如何改过。而要做到这些，我们需要秉承及时复盘的工匠精神，反省总结自己的不足，持续地自我积累与蓄能，不断提升自我，在有限的时间里创造无限的价值。

"复盘"前必须要有一个"及时",这不仅反映出我们的主观能动性,还可以更好地把握整个过程的细节。如果拖延一段时间才进行复盘,我们难免会忽略一些细节性问题,从而导致复盘过程并不完整,在短期的时效内马上进行复盘,才可能将复盘的价值发挥到最佳。

及时复盘其实是一个不断校正路线的过程,通过及时复盘,我们可以对自己的心理活动和整体思维进行一个全面的把握,可以对自己的失误进行总结,研究出更好的方法,努力校正、调整我们的行动路线,以保证我们行走在正确的航线上。通过及时复盘,可以提高我们的工作质量,为自己能力质变打下坚实基础,我们的人生也会因复盘而翻盘。

【行动笔记】

回顾、反思、探究、提升,把事情想明白,谋定而后动。

"及时复盘",一是要回顾预期目标。

回顾初期所设定的目标,然后将实际完成的目标进行整理、对照,对比是否达到预期目标,如果没有达到,知道差距是多少。通过对比目标结果,可以更好地在心中设置出自己的能力底线。

"及时复盘",二是要回顾过程。

回顾自己做事情的全过程,将整个过程分为几大阶段,分析每个阶段自己的行为,以及行为所产生的结果与影响。回顾自己所遇到的问题,以及自己的解决方式、遗留问题。

"及时复盘",三是要分析原因。

分析整个过程中我们哪部分做得好,哪部分没有做好,同时将做得好的原因与做得不好的原因罗列出来,明确其中的关键因素。

"及时复盘",四是要总结规律。

复盘最重要的目的是总结规律。通过复盘,我们可以提炼出自己在整个过程中产生的一些好的思想与方法,在未来可以进行复用。之后思考自己出现失误的地方,明确如果在后期再次遇见同样的问题,我们应该如何去做,如何进行改进,避免再次踏入同一个陷阱。

"及时复盘",五是要制定策略。

针对所总结出来的规律,制定相应策略,以不断提高自己的思维能力与执行能力。

持续改善：追求每日工作的精进突破

持续改善——以专业自豪感不断打磨自身的专业技能，并基于"精进突破"开展工作，这是不能丢的优良传统。

持续改善是日本"改善思想之父"今井正明在《改善：日本企业成功的奥秘》一书中提出的，持续改善意味着涉及每一个人、每一环节连续不断的改进——从最高的管理部门、管理人员到基层工人。

持续改善，追求工作的精进

杯子满了，即使是泡了好茶，也需要先将杯子里原本的茶喝掉再续。一个人，若是自满了、自负了，那么久而久之就会变得刚愎自用，不愿时时清理旧思想以更新新思想。所以，工匠要时常告诫自己，要时不时清理一下自己的"库存"，将装满水的杯子腾空出来，让下一波的好茶可以倒入到杯子里，这样才能持续不断地喝到好茶。这也正如工作一般，要将自己的过时知识腾空出来，学习新的知识，并将新知识运用到工作中，实现对工作内容的持续改善。

在工作中，旧的问题解决了，往往新的问题就会产生。这种情况要求工匠持续、长期地去发现不足，并加以改善。其实，"改"字不光要在工作中贯彻始终，更应该贯彻在工匠的整个人生。工匠应该反省自己，对照工作和产品需求，对照先进典型，不断寻找问题和不足，然后持续改善。

工匠想要做到持续改善，可以分三步走。

第一步，端正自己的态度。工匠要有学而不厌的态度，以"学生"的身份去主动接受新知识，认真对待学习到的新知识，辨别其对自己的用处，而不是骄傲自满，自以为是。

第二步，通过学习完善理论知识。工匠应该始终保持学习的状态，而不是三分钟热度，要知道学习是一个长期、持续的过程。

第三步，将知识转化为实操。工匠要让知识"走"到实际工作中，将学习到的技能或是新方法运用到工作中，并关注其是否达到了预期效果，如果没有，就需要找出原因，再次实践。

在学习中改善，在改善中成长

学然后知不足，知不足然后能自反。工匠总是喜欢不断雕琢自己的产品，在雕琢的过程中不断改善、创新自己的工艺，这所体现的便是工匠精神。

赵晶作为我国数控加工领域的专家，获得了"中华技能大奖"等荣誉。她所获得的这些荣誉都源自自己的奋斗，对产品的不断提升和持续改善。

当今科技日新月异，数控设备不断迭代升级，数控加工技术正逐步向数字化、信息化、智能化方向发展。赵晶深知，在这样的发展背景下，若还是只依靠曾经的理论知识和工作经验是无法满足当下发展需求的。

善学者智，善学者强，善学者胜。为了能跟上时代发展的步伐，赵晶不断学习，在实际工作中不断优化、持续改善，提升加工的技术和技能，最终加工出精度、合格率更高的产品，也练就了薄壁加工和套类零部件高精度加工的绝活。

正如赵晶自己说的那样："作为技术工人，我们做得更多的事情不是研发，而是进行技术革新。只有不断钻研、不断更新自己的方法，才能跟得上装备制造业翻天覆地、日新月异的变化。"

优秀的工匠不会满足于当下取得的成就，而是会不断根据时代的变化，吸收新知识，做到持续改善，力争将工作做到更好。

玉不琢，不成器；人不学，不知义。玉石不经过细致地打磨与雕琢是无法成为精美的器物的；人不经过持续、深入的学习是无法成为精英的。所以，不论取得了怎样的成就，工匠都应时刻牢记不断学习、持续改善。

【行动笔记】

工匠以工艺专长造物，在持续的学习和改善中演绎着"能人所不能"的精湛技艺，向大家展示出"干一行专一行"的精益求精，"偏毫厘不敢安"的一丝不苟。

"持续改善"，一是要持续学习。

学然后知不足，知不足然后能自反。工匠要不断学习，增加知识储备。如果能实现持续学习，带着问题学，带着疑问学，那么更容易拓宽视野、提升实操能力，才能发现以往工作中的问题和纰漏，进而有效解决问题。

工匠绝不能因为一时的成功而骄傲自满，而是要始终保持谦虚谨慎的态度，在工作中发现问题，在实践中发现不足，并通过自身的学习去找到解决的方法，不断完善提升。

"持续改善"，二是要学会挑剔。

很多时候，优秀的作品是在不断挑剔中产生的。越是对自己工作和作品挑剔的工匠，越是能生产出好的作品。有时候，一件完美的作品往往是经过成千上万次的挑剔和改善的，也正是在这一过程中，作品一次比一次完美。

"没有最好，只有更好。"这句话是很多工匠对待产品的唯一态度，他们从不得过且过，他们对待自己的工作和产品是极为苛刻和挑剔的。他们注重每一个环节和步骤，在一次次试验中求证最佳答案。

所以，工匠永远不能沉浸在当下的成功或成就中，而是要不断用挑剔的目光、审视的态度去对待工作，这样才能做到持续改善，使产品更加完美。

知行合一：知识必须运用到实践中去

知行合一——知是行之始，行是知之成。行之明觉精察处，便是知。知之真切笃实处，便是行。

"知行"是起源于《尚书》与《左传》的中国古代传统哲学范畴。明朝时期思想家王阳明最早提出了"知行合一"的哲学理论，即认识事物的道理与实行其事是密不可分的。

以知促行，以行求知

古代哲学家认为，人的内在思想支配着人的外在行为。所以人只有心存善意（"知"）才会将善意融入外在行动中。

王阳明所处的明朝社会中人人都追求功利，放弃了"人之所以为人"的道德属性，将"明德""亲民"等优秀道德文化抛诸脑后。这种现象并不是个例，这样的风气已经成为明朝社会的"新时尚"。特别是"士"阶层，他们从小享受良好的教育环境，道德思想教化最全面，但是知而不行，将道德作为他们不正当的外衣，与衣冠禽兽又有何异。王阳明正是察觉到这一社会现象，为救国家思想于危难，提出"知行合一"的学说，为的就是"正人心，息邪说"，将百姓心中的不正思想纠正，使古代圣贤之学重现人间。

王阳明的一生坎坷不断，曾数次遭到宦官的迫害，就算经历多次死里逃生，但他的内心却从未改变，志向从未坍塌。他曾被贬至贵州，因为驿馆破败不能居住，就在旁边的山洞里住下。爱国爱民是他一生的行为准则，圣人的处事标准一直是他行为的榜样。如今他提倡的思想不仅影响了整个中国，甚至是很多其他国家都在学习他的理念。我们要学习的是王阳明先生这种"知行合一"的精神，将培养良好的道德品质如奉献精神，与磨炼自己的行为相结合。

王阳明认为，每个人心中都有一面可以照见良知的镜子，如果诱惑太多就会被污染，人也就越来越平庸、贪婪。所以要用自己的力量时刻擦干净自己的内心，将良知扩充到事物之中，也就是他提出的"知行合一"思想，倡导众人追求良知的实现，坚持以"事上磨"的工匠精神，积极作为、反对空谈。真正的知行合一要共致良知，实现自己的生命价值，维持社会秩序的和谐。

王阳明"知行合一"理论的主要内涵包括三方面的重点：

第一，"知"和"行"是认识过程和实践过程不可分割的一个整体。二者在主体间的作用方式不同，但两者又有密切的联系。第二，知行相互依存：知为行为之起点和导向；行又为知提供条件和保证，二者相互联系、相互作用，构成一个有机统一体。行，是知其然也知其所以然。这是一个认识到自己存在价值和意义的过程，也就是对自身的肯定和自我超越的过程。第三，践行的基本宗旨就是抛弃坏念头，终于到达至善的境界，其实质就是一个锤炼道德修养的过程。儒家的"德治"理论是一种以德性为核心的道德治理模式，它既强调人的内在价值和自我约束能力，又主张外在教化手段和社会监督作用。这一学说就其本质而言，可谓集道德、伦理于一身，融政治与道德为一体。

赋予"知行合一"新的时代内涵

不管是南宋朱熹，还是明代王阳明，都大力倡导知行合一。事实上，知行合一理论不仅可以作用于古代社会，对现代社会同样有指导意义。

首先，知行合一在现代社会就是以实事求是的科学精神为核心，以科学务实的态度追求人的全面发展。"知行合一"的思想实质上就是一种道德的修养与实践。跟随时代的脚步发展，用现代思维解释王阳明所倡导的"知行合一"就是：理论和实践相统一，适用于现代的工作与学习实践，可以作为自身事业发展的行动指南。

其次，知行合一理论对营造团结友好、诚信待人的工作环境有促进作用。在当今社会，工作中不免会碰到上司行知分裂，说一套做一套。这样不仅破坏了公司纪律，还会失信于下属。当上司失去了同事、下属的绝对信任，整个工作环境的良好秩序都会被打乱。"知行合一"的理论依旧适用于今天的员工道德素质培训中，启迪员工内心的道德良知，提醒员工时刻擦亮内心的镜子，保持团结友好，用积极向上、公平竞争的正能量对待工作。

最后，知行合一理论有助于推动中华优秀传统文化的传承和发展，发挥传统人文精神的教育作用。"知行合一"将加强工作环境下的文化共识，增加员工对企业的归属感。

"读万卷书，行万里路"，把"知行合一"的理念运用到工作和学习中，也是一种很好的方法。用现在的话来说，就是把问题放在第一位，从实际出发寻找问题的答案，从而达到更高的研究目的。这样的话，我们就能不断地进步，工作也会越来越有意义，逐渐形成一个良性的循环。

【行动笔记】

"问渠那得清如许？为有源头活水来。"对于各行各业的劳动者，无论天资禀赋如何，"工匠精神"就是这源头活水。因为，精进不息、久久为功的工匠精神，既是一种操守的凸显和人格的升华，更是社会期盼和真实需求的呼唤。想要发扬"工匠精神"，就要认真践行"知行合一"理论。

"知行合一"，一是要不断加强对事物的洞察力。

有很多问题都是因为无知而造成的，偏见和固执是无知的体现。这个时候我们要通过不断地学习提升自己对事物的洞察力，做到更加理性客观全面，为做到"知行合一"奠定一个良好基础。封闭的学习心态只会让人止步不前，并且很难吸收新的事物，若想自己有真正的突破，那么无论处在什么样的位置，请自己都有归零的学习心态。

"知行合一"，二是要随机应变地制定合理可行的计划。

计划可以不那么完美，也可以很小，但一定要可行。计划若是根本不可行，那就只是停留在脑中或者说纸上的一堆无用的文字而已，毫无价值可言。很多人做事非常墨守成规，学习也在坚持，也会有实际行动，但是却不会根据实际变化做出相应的调整。若是经常如此，那么做某些事情可能就看不到效果或者说根本就是徒劳的，所以，我们一定要让自己具备随时应对变化的能力。

【案例链接】

贵港华隆超市：践行工匠精神，成为岗位专家

全国每年诞生数以百万计的中小企业，但存续经营时间超过10年的少

之又少。究其原因，除了外部经营环境影响外，内部管理弱化是一个不可回避的问题，而内部管理弱化又与员工工匠精神的缺乏呈正相关关系。

位于八桂大地、浔郁平原上的贵港市华隆超市有限公司，诞生于1999年11月11日，经过24年的发展，已经成为贵港市最大的商超企业。在一次行业管理聚会中，笔者与贵港华隆超市总经理刘端相识。他说，企业能够长期屹立于竞争激烈的商超行业，得益于超市自上而下尊崇弘扬的工匠精神。工匠精神是华隆超市的"根"和"魂"，是推动企业持续健康发展的"基因"，正是工匠精神为华隆超市的发展立下了"四梁八柱"。

作为《工匠精神》一书的作者，笔者对刘端总经理倡导的工匠精神颇感兴趣。经过深入细致的交流和实地走访，笔者感受到华隆人是一群有爱、真诚，追求上进，用心为顾客创造价值，有社会担当的人。华隆超市对于在全员中传播、践行工匠精神高度重视，制定了"心心专一艺，事事在一工，念念系一职"的行为规范，秉承进一步弘扬工匠精神，厚植工匠文化，培养岗位专家的构想，华隆超市与笔者达成了战略合作伙伴关系，为华隆超市的可持续发展注入新动力。

展匠技，打造非凡员工

2021年，笔者与华隆超市核心高管一起策划了"践行工匠精神，成为岗位专家"的全员演讲比赛，借此对华隆员工进行了一次"工匠精神"理论结合实践的深入普及。如果说演讲比赛是华隆人的"匠心"扎根，那么华隆66工匠节的举办，则给华隆员工提供了展示"匠技"的平台，以此推动员工不断提高综合素质和专业技能水平。2022年6月6日，华隆首届66工匠节开幕。在工匠节期间，华隆超市举行了散装商品称重、快速取货、生鲜称重、床品陈列、收银技能等12个项目的比赛。

66工匠节是全体华隆人强化工匠精神、践行工匠精神的成果展，是传承工匠精神的重要形式。受华隆超市有限公司董事会委托，华隆超市副总经理甘玉梅详细阐述了66工匠节的意义。她指出，华隆是一家劳动密集型企业，商品、服务和环境品质是华隆超市得以立足及持续发展的"三大基石"，品质持续改善的推动力来源于优秀、卓越的华隆人，也就是能够为顾客创造"非凡购物体验"的"非凡员工"，"非凡员工"的必备基因就是工匠精神。设立华隆工匠节，旨在更好地弘扬工匠精神，培养一批又一批具有工匠精神的岗位专家，打造华隆超市核心竞争力，实现"活下去、活得好、活久见"的终极经营目标。

华隆超市"工匠精神"项目打磨落地小组通过上述一系列的措施，给超市经营工作注入了新动能。2022年1至9月，在商业环境的"寒冬"期，超市销售额与2021年同期相比基本持平，商品结构SKU数由原来20000多个减至12000多个，商品结构得到了很大的优化。在人才培养、陈列水平、服务卫生、形象安全等方面都获得了改善和提升。

凭借热爱，创特色，出业绩

李云仙是华隆超市凤凰总店生鲜部员工，她所理解的工匠精神，就是爱岗敬业，守正创新，坚持不懈，用工作来实现自身价值，不断学习、提升，全心全意做好超市中的每一件事。

每当晨曦初露，38岁的李云仙就驾驶着电动三轮车，奔波在配送商品的路途上。为了能在客户做早餐之前将食材送达，她每天清晨5点半就来到超市选配食材。作为超市生鲜部配送员，不仅要对客户的需求相当熟悉，更要对超市所能提供的商品了如指掌，而且在配送过程中，既要讲究速度，也要追求商品的质量和服务细节的完美。

在选配食材时，李云仙先将冰块放入泡沫箱，再将肉类商品放入箱内，以确保肉类的品质。有时因为配送的商品种类比较多，涉及超市多个部门的业务，她就要跟各部门的员工协调，让伙伴们迅速地备齐客户所需的商品。

在配送商品的路上，有时会遇到刮风下雨等恶劣天气，但李云仙始终将

"每天把商品按时送到客户手里"奉为不渝的信念。2021年冬天，她独自驾车前往位于郊区的南平幼儿园送货，由于前夜暴雨倾盆，坑洼不平的乡村道路上遍布积水，但她克服困难，按时将商品配送到南平幼儿园。看着她疲惫不堪的样子，幼儿园的老师竖起了大拇指说："天这么冷，又是这样的路况，你都能按时送达，以后我们所要的商品都选择华隆了。"在每天完成商品配送工作后，李云仙还会主动承担超市喊麦员的工作，用亲切洪亮的声音，营造浓厚的消费氛围。

干一行，爱一行，与同伴们共成长

工者，匠也。工匠，并非能做工即可，还需有"匠心"。这是华隆超市荷花店客服部杨丽萍对"工匠"一词的理解。她常说，工匠精神，概而言之，就是"精、谨、专、恒"。作为客服部的一员，要格外重视优质服务。

杨丽萍，籍贯贵州，中专毕业，2013年入职华隆超市。自2017年起，曾经受过会计专业训练的她，脱颖而出，转到后台承担数据录入工作。新的岗位，新的挑战，但她凭着"干一行、爱一行"的精神，很快就成了录入岗位的行家里手。录入岗位的工作内容主要是核对所有生鲜商品入库信息，每次青菜、水果到货，她都要一一过目，称重量，减皮重。对于相似的商品，她要记住它们的特征，并用不同的包装区分商品。数以百计的青菜、水果名称，称码数据，她都谙熟于心。如果遇到超市进货量大的情况，到了下班时间还没核对完毕，她都会把入单核对结束后才下班。

一枝独秀不是春，百花齐放香满园。杨丽萍乐意与大家共同成长，时常以自己的问题警示同伴。那是在南方柑橘飘香的冬季，水果供应商问她："怎么少录了丑橘金额306元？"她回复："你再对一遍，我都录过了。"过了几分钟，供应商又打电话过来说，确实少录了"丑橘"单品。随后，她找出单据查看，果然对单上有丑橘一项，可录单上没有。原因是丑橘属新品，对单增加了名称、条码，但录单上没有增加，数据自然无法跳转。"306"事件给杨丽萍上了一课,从此以后,她每次都会将对单和录单进行两次核对,总金额也不放过,确认无误后再进行录单,再也没有犯过"306"式的错误了。

"华隆是我们的家,每一个小伙伴都是家人,应该相互提醒、帮助和成就,华隆才能兴旺发达。"这是杨丽萍对家的认知。虽然她是生鲜商品录入员,但在食堂需要加菜时,也会主动帮忙拣货,打单送货给师傅。每当超市搞促销活动,她都主动到收银台帮忙,或到打包台捆扎商品。2016年、2020年,杨丽萍获得广西壮族自治区总工会授予的财贸轻纺烟草系统"最美服务员"称号。

"每天与伙伴们一起进步一点点,追求简单的事情重复做,不是仅仅会做事,而是会好好做事。精益求精地将每一个细节死磕到底,全力以赴地做好每一件事情,依靠工作实现自身价值。让我们为实现百年华隆的宏伟目标,做贵港市民最喜爱的超市而努力奋斗!"在华隆超市举行的演讲比赛上,杨丽萍发自肺腑的心声赢得了伙伴们的阵阵掌声。

既是录单员,更是一线销售员

夜色降临,华隆超市江南店的玻璃门刚刚关闭,就响起了急促的敲门声。一位还在超市内忙碌的年轻员工马上开门,热情接待了敲门的年长顾客。

"阿叔,您好,今晚我们要盘点,要比平常早些关门,您需要买什么呢?"

"我想买麦片做早餐,很快就会出来,还可以进去吗?"

那位年轻员工赶紧将阿叔领到麦片销售区。

"阿叔,您喜欢什么口味的麦片?"

"我平常就吃无糖的。"

"那您可以考虑这款麦片,它不添加白砂糖,还含有牛奶和核桃等营养成分,而且这款麦片现在搞活动,比原价还优惠了5块钱。您看,这款麦片是上个月18号生产的,保质期是一年半。"

阿叔坦诚地说:"你主动告诉了麦片的保质期,说明华隆非常注重品质,那就要两包，以后我会经常来光顾。"

随后，阿叔结了账，面带微笑走出了店门。

在短短的五六分钟内，顾客获得了令自己愉悦的消费体验。帮助他完成体验的就是录单员莫凤珍。她是一位"90后"，是工商管理专业毕业生，于2021年2月入职华隆超市。她进入华隆之前曾从事过水利工程招投标工作，由于接受过管理专业教育，很快就适应了超市工作。她常说："所有的业绩最终依靠售出商品而实现，我既是录单员，更是一线销售员。"在特殊的节点上，她依靠平日对业务知识的积累，以接待朋友的态度，展示了专业、专注的服务，在客户心中树立了华隆超市的品牌形象。

莫凤珍的日常工作是单据的录入、审核、调价、传称、翻牌、打牌价签等，琐碎繁杂，每一个环节都不能出差错。特别是单据的录入，要核对商品的条码、名称、数量、单价，一旦出错，会影响门店的进销存管控质量。她曾经将已划单而没有到货的商品，按电脑订单直接录入，导致商品实物库存和电脑库存不相符，经伙伴们提醒，及时调整更正。

这件事情让她谨记必须严格要求自己，保证单据按流程录入，分类整理。她从此没有再犯同样的错误，成为伙伴们信得过的录单员。2021年，莫凤珍获得华隆超市"优秀员工"称号。2022年7月，又被提拔为储备干部。通过半年的考核后，她将担任华隆超市江南店副食部部长。

第二章　工匠精神的21个关键词

第三章
做一名幸福工匠

无论处在哪一座城市，选择一家什么样的企业，从事什么职业，真正的工匠内心都是幸福的，精神都是从容和充裕的，真正的工匠都是生活家。任何人都要回归生活，工作是为了更美好地生活，生活是为了更幸福地工作。真正的工匠是通过工作的磨砺，让心觉醒，即心地光明。

人生，为幸福而来

幸福的三个层次

工匠作为实践操作者，工作的首要任务就是技术发明、产品研制、日常劳动等。想要完成这个任务，工匠不仅要具备持之以恒的决心，还要注重自身的劳动幸福感。在工作中感到幸福，工匠才能有源源不断的动力继续工作下去。

工匠的幸福可以分为三个层次，即比较出来的幸福；自我实现的幸福；随心所欲、自然而然的幸福，这三个层次是明显的递进关系。工匠需要一步一步实现这三个层次，这样在提升自身能力的同时，还能培养和提升幸福感。

第一层次是比较出来的幸福。

工匠之所以可以打造出一流产品和具备高超的专业技能，是因为他们懂得时常和他人比较，深知不能陷入闭门造车的误区，明白要学会"抬头看路"。所以，工匠想要不断雕琢自己的产品，不断完善自己的工艺，就需要学会和他人比较。

比较，不是攀比，不是炫耀，而是在比较中对自己的工作和产品查漏补缺。在比较时，工匠可以不断进步，不断提升。

和他人比较。他人，是自我提升的参照物，有了参照物就有了标准，有了标准就能进行合理的改变和调整。因为有比较，才能知道差距；因为有比较，才能取长补短；因为有比较，才能鞭策自己。

和过去比较。过去的产品，体现着工匠当时的能力。但随着时代的进步，工匠也要不断随之进步。而如何判断自己是否有所进步，就需要和过去相比。比较自己的产品，现在与过去相比有何变化，有何优势；比较自己的技术，是否比过去更加熟练和精益；比较自己的心态，是否比过去更加强大，更能承担起更多责任。

有比较，才能有动力；有比较，才能有提升；有比较，才能有长进。工匠在比较中成长，在成长中，工匠可以感受到幸福，这种幸福是源自内心的满足。在这种幸福的激励下，工匠更会挖掘自身的潜能，创造出不平凡的业绩。

第二层次是自我实现的幸福。

"道也，进乎技矣。"工匠以工艺专长，要始终在精艺与突破中，雕琢"能人所不能"的精巧技艺。《诗经》中的"如切如磋，如琢如磨"，反映的就是古代工匠在切割、打磨和雕刻时的精益求精、反复雕琢的工作态度。

在精益求精、反复雕琢的过程中，工匠可以完成自我实现的幸福。在马斯洛需求层次理论中，自我实现是指个体的各种才能和潜能在适宜的社会环境中得以充分发挥，实现个人理想和抱负的过程，亦指个体身心潜能得到充分发挥的境界。

自我实现的幸福，一方面，源自自我价值实现所得到的幸福，工匠可以凭借自己的特长和技能获取物质收入，在社会中作为安身立命的基础。另一方面，源自社会价值实现所得到的幸福，工匠的技能具备极强的专业性，并非一般人所能掌握，工匠可以通过技能创造产品，为社会创造价值，在自豪感和满足感中感到幸福。

自我实现的幸福，是一个永无止境的过程，需要工匠用很多年甚至是一辈子的时间去完成。相比于追求物质的幸福，自我实现的幸福并不会导致欲望膨胀，只会给工匠带来更多的快乐和满足。

第三层次是随心所欲、自然而然的幸福。

随心所欲、自然而然的幸福，是工匠幸福的最高层次。在日常生活中，工匠要严格遵守规章制度，在工作中会受到各种约束，久而久之，容易产生厌烦、压抑和乏味等负面情绪。但如果工匠可以随心所欲、自然而然，就可以感受到幸福。随心所欲并不意味着工匠可以肆无忌惮、肆意妄为，自然而然并不是要工匠无欲无求、听天由命。随心所欲、自然而然，应立足于劳动实践，要随着发展和进步而开展创新。如果工匠可以掌握规律和懂得分寸，那么就可以实现随心所欲、自然而然的幸福。

在工匠精神的指引下，随心所欲、自然而然的幸福是工匠拥有开放的思维、创新的想法、破旧立新的魄力。在合理的范围内，工匠可以凭借自身经验或是工作直觉，打破陈旧的枷锁，革新传统技能。

这一层次的幸福属于工匠精神的超越性维度，它是帮助工匠发自内心地喜爱工作。在随心所欲、自然而然的幸福的引导下，工匠会对自己的工作和产品全身心投入，凭借自己多年经验自由创新，最终使工作和产品变得更好。

控制欲望的边界

工匠是职业，也是态度，更是精神。如果工匠无法控制自己的欲望边界，那么将会在欲望中迷失自己，也会丧失掉自己的工匠精神，更会丢掉对自己工作的热爱。

宋应星在《天工开物》中写道："依天工而开物，观物象而抒臆，法自然以为师，毕纤毫而传神。"意思就是依照物品天性，对其进行制作提升，观察事物的现象，抒发自己的看法和观点，法师自然，将大自然的万事万物当作老师，从细微处出发进行创新。如今，工匠不再只是对匠人的一种尊称，更体现出他们本身的精神和气质。

工匠特定的精神和气质注定了他们应该不求名、不逐利、没有膨胀的欲望。他们可以通过坚守初心来克服诱惑、战胜自己。但不可否认的是，有一些工匠会被诱惑，会走上歧途，他们可能会被金钱、名声和权利所诱惑，或降低标准，或偷工减料。如果一个工匠过于看重利益，那么就很难专心致志、坚定如初地专注于工作和产品，久而久之便会磨灭初心，也就配不上"工匠"的称号。

工匠想要始终保持自己的初心坚定，要对欲望有所了解，认知欲望的分类。欲望主要分为物质欲望和精神欲望。物质欲望，通常指的是金钱、物品等；精神欲望，通常指的是权利、名望等。有的工匠会被物质欲望诱惑，有的工匠会被精神欲望诱惑，不管是前者还是后者，都会严重影响到工匠的态度和行为。

如何控制欲望的边界，是工匠所要了解的内容。一方面，工匠要始终明确自己的初心和目标，屏蔽外界不必要的干扰；另一方面，工匠要培养和加强工匠精神，在工匠精神的指引下，勤学苦练、深入钻研。

对工匠而言，匠心需要纯粹，不需要功利；需要坚持，不需要放弃；需要不忘初心，不需要半途而废；需要不满现状，不需要故步自封；需要不断精进，不需要不思进取。

拥有工匠精神的人，会将名利等欲望抛却，只有这样才能不被干扰，只有这样才能一心沉浸在工作里，才能甘愿付出，才能在付出中感受到幸福。

在解决粮食问题上做出突出贡献的"杂交水稻之父"袁隆平先生，一生淳朴，始终穿着布衣布鞋，戴着草帽，骑着电动车在田间地头穿梭，经常全身沾满泥土。六十余年，袁隆平先生始终坚守初心，淡泊名利，控制了自己的欲望，才能在杂交水稻成功之后没有迷失和止步，反而精益求精，让杂交稻走出国门，走向世界。

在面对浮躁的环境时，工匠应该少一些世俗，多一些纯粹；少一分投机钻营，多一分兢兢业业；少一些粗制滥造，多一点优质精品。如此，才能成为一名幸福工匠。

越长本事越幸福

工作者进入工作领域后需要经历各种各样的挫折和磨难才能成长为一名合格的工匠。他们始终有着万折必东的决心、水滴石穿的毅力和敢为人先的冲劲。但这些的基础是工匠的本事。

工匠之所以不同于普通员工，是因为他们有着自己独特的技艺和本事。而工匠的本事源自他们可以耐得住寂寞、经得起诱惑，将更多的精力投入到学习专业知识中去，不断提升自己的本领，从中感受到幸福和满足。

作为一名工匠，工作是一个积累本事、施展才华的舞台。那么，工匠应该如何长本事呢？

第一，工匠可以主动进行系统性学习。既要从书本中学习知识，也要从实践中学习本领；既要从普通员工身上学习经验，也要向专家学习。在学习的过程中，长本事，并克服本事缺陷、本事落后等问题。

第二，工匠要有敢于担当、永争第一的精神，从工作中的细小处着眼，从日常的细微处入手，工匠要将每一件事情、每一项工作都做到尽善尽美，杜绝"差不多"思维，潜移默化地提升自己的本事。

工匠要懂得，只有下苦功夫，才能长真本事。在学习和成长的过程中，工匠不要想着一蹴而就，而是要沉淀下来，不断吸收外界的知识。工匠只有有真本事，才能用心打磨好每一件作品，才能在打磨产品的过程中感受到幸福和满足。

2020年，超和食品董事长张龙年做了一个艰难决定，将做了十多年的小白条生产线停下来，升级改造成一条肉鸡生产线。超和从此放弃单纯屠宰小鸭的业务，转型到分割鸭与分割鸡一厂生产的行业独特模式。

超和的愿景是铸造市场王牌产品，创建行业一流企业。在铸造和创建的过程中，张龙年始终不忘初心，始终坚持将品质做到极致，将每个环节做到精益求精。

在一些人看来，工匠精神似乎离自己很遥远，工作是老板的，生活才是自己的，所谓工匠精神不过是努力工作的另一个称谓罢了。

那么工匠努力工作的意义是什么？2013年冬季的一天，凌晨5点，张龙年起身巡视超和老厂区，走到挂鸭台时，看到工人们正有条不紊地把嘎嘎叫的鸭子从笼中取出，一只只地挂上链条，外边寒风凛冽，灯光照射下绒毛与飞尘共舞。有一个养殖户带着孙子来送鸭子，张龙年路过他们身边时，刚巧听到孩子稚嫩的声音问道：

"爷爷，这些人那么辛苦努力地工作，为什么呀？"

"为了家呗！"

实际上，家人对美好生活的向往就是工匠努力的意义。工作有三个阶段：

第一个阶段是情非得已。"我们都在用力地活着"，对于家而言，是没有放弃可言的。这一阶段工作是谋生，为了养家糊口。

第二阶段是心甘情愿。努力得到回报，业绩收入伴随公司发展提高，工匠获得了认可与成就感，买房换车，成为他人羡慕的榜样，工匠开始更有动力地努力工作。

第三个境界是乐在其中。这个阶段工作成就在公司甚至行业里属于杰出，工匠得到了持续晋升与成长，慢慢地将工作当成事业，开始热爱这份事业，全身心地投入工作，工作与生活融为一体，并从中获得乐趣。所以，工作的极致就是生活。

同样的逻辑，生活的极致是工作。美好向往与幸福生活基于工作：当我们通过工作把产品和服务做到极致，经济收入自然就来了；而极致产品和服务的背后是心性，当人有了匠心和耐心，就容易做出极致的东西。

人的一生都在做两件事——应该做的事和喜欢做的事，即努力工作与热爱生活。工匠精神就是"把品质做到极致的精神"，任何一个追求美好与幸福生活的人都需要工匠精神。工匠精神是一种活在当下的生活方式：无论工匠以何种方式努力，请务必带着享受的心态！风景不在别处，就在当下，是一刀一剪，是无愧于心，是把当下的事情做到极致，是把应该做的事做成喜欢做的事！

匠心沉聚，幸福绽放。沉是要躬身入局，埋头苦干，是破釜沉舟，是但问耕耘不问收获；聚是凝聚力量，匠心集结，打造事业乃至命运共同体。超和食品将坚守长期主义，相信专业与系统的力量，与时间交朋友，努力向下播下工匠精神的种子，向深度扎根，迎来幸福绽放！让我们一起做一名幸福工匠，传递幸福的味道。

工匠如何判断自己的本事是否有所长进呢？工匠可以提前设定好自己的起点，并将终点目标和每个阶段的小目标也标出来。这样，每完成一个阶段的学习，工匠都能从中感受到幸福。

优秀的工匠永远不会满足已经取得的成就，而是会根据环境和时代的变化，不断寻求成长，不断增长本事，力争每一次创造的产品都比上一次优秀。

工匠的成功离不开自身的本事。工匠所学到的知识和技能都能转化为自身本事，处理问题的经验也都能转化为自身本事。

齐白石一生都在不断增强自己的本事，不断提升自己的能力。齐白石的先天条件并不出众，但是他凭借自己的勤奋和努力，成为一名大器晚成的画家。

在齐白石年幼的时候，家里人送他去学木匠，他每天很勤奋地学习雕花的木工活。后来，他经常看到有人画画，自己也跟着学。渐渐地，齐白石从一个木匠转为一个画匠。齐白石擅长动物画，后来，齐白石又开始学习篆刻，为了练好篆刻，他弄回很多石料，刻完磨掉，磨完再刻，日复一日，年复一年，齐白石练就了高超的篆刻技术。

为了"不教一日闲过"，齐白石对自己提出了一个标准：每天都要挥笔作画，每天至少要画五幅画，这个标准他一直坚持到90多岁。

对齐白石而言，他的幸福源自自己不断增加和增强的本事。他对画画和篆刻的坚持，不是为了追求功利，而是发自内心地喜爱。在这份喜爱的驱使下，齐白石不断提高自己的本事，再通过本事让自己感受到幸福和满足。

幸福工匠的"三要三不要"

心怀感恩让人更懂珍惜，心怀感恩让生活多些美好，心怀感恩让未来更加幸福。感激能让我们看到世界的美丽，用爱把人们连接起来，让快乐永远伴随着我们。用感恩来提升自己的思想境界和格局，让自己的人生熠熠生辉，追求永恒的快乐。

心中有爱是一个普遍的话题，也是永恒的话题。爱与恨创造不同的世界，爱塑造光明，恨堆砌黑暗，与其在黑暗中迷失自我，不如在光明中成就幸福。

心怀善意，消除恶意，才能看见世界的美好，才能获得幸福与光明。工匠精神不仅是一种敬业，更是一种对社会的责任感与爱心，用心打造每一件作品，让人从中体会到快乐。只有拥有一颗仁慈的心，摒弃一切的偏执与成见，才能找到真正的快乐与喜悦，成为一个真正的快乐的匠人。

只要恩，不要仇

山感恩地，方成其高峻；海感恩溪，方成其博大；天感恩鸟，方成其壮阔。感恩是一种处世的哲学，是人生的大智所在。常思感恩，幸福常在，真正的幸福来源于内在，即我们的正念，它包括爱、喜悦、和平与感恩，我们常怀感恩之心，通过改变自己的内在，转变自己的思想，自然而然可以感受到幸福。因此，做一名幸福工匠，只要恩，不要仇，感恩可以让我们看见美好，仇怨只会让我们感到不公，幸福与困苦皆在一念之间。

如果说，做好工作靠的是匠心，那么，用工作创造价值，回馈社会靠的就是感恩之心！只有在工作中融入工匠精神和感恩的心，才能成为有情怀的人，敬畏工作，秉承严谨、认真的态度，努力提升专业能力，追求持续的进步。心存感恩是很多工匠所具备的品格，在工程测量师顾建祥的身上，可以看到他常怀感恩之心，脚踏实地，匠心如初。

顾建祥从毕业后便投身工程测量领域，凭借着在工程测量领域造就的不凡成就，成为首批获得全国"工程测量工匠"荣誉称号的人，而在谈到获得这一荣誉的感受时，顾建祥表示，他心怀感恩。

"我这辈子很幸运，赶上了一个国家发生翻天覆地变化的好时代。"顾建祥感恩这个快速发展的时代，让他有机会接触新事物，开阔视野，学习新知识、新技术，不断提升自己的能力。他感恩这个时代给予了他机遇，让他可以充分发挥自己的专长，施展自己的技能。

同样，顾建祥也感恩这一路上遇到的恩师、战友、亲人……顾建祥表示，许多前辈在这一路上都给了他无尽的力量，也是从他们身上，他领悟到了工匠精神的内涵所在。

顾建祥感恩上海市测绘院的老院长朱妙珍，是她在顾建祥感觉自己遭受了不公平对待，内心颇有怨气，闹起了情绪时，专程找他谈话，讲述她自己在基层一线作业队从事外业近二十年的工作经历，用切身体会告诉顾建祥作为一名测绘技术人员积累生产一线实践经验的重要性。顾建祥同样感恩工程师凌仁德高工，是他言传身教，教会了顾建祥身为工程测绘人要严谨、一丝不苟、精益求精。

常怀感恩之心，更懂工匠之意。顾建祥感恩过往，追逐未来，他将感恩之心融于工作，带着他对过往的感恩之情，传承工匠精神，追求卓越创新，他是幸运的，也是幸福的。

羔羊尚懂跪母，乌鸦尚懂反哺，学会感恩，才能看到明亮的世界。感恩是人生幸福的支点，是迎向明媚生活的一种积极姿态，常怀感恩之心，可以让人更加友善，更加和平。

做一名幸福工匠，要心怀感恩，予人以尊重。感恩无须刻意，其化为具体行动常常在举手投足之间，说声"谢谢"，道声"辛苦"，报以微笑，回以祝福，这些都是怀有感恩之心的细微表现。我们的生活不是一座孤岛，每个人都相互联系，只有互相帮助，互相感恩，才能创造和谐社会。用最简单的行为，互相感恩与尊重，幸福常伴身边。

做一名幸福工匠，要心怀感恩，激发能量。常怀感恩之心，内心会有一份能量，一种信念，这份能量与信念会让人变得坚韧、执着，会让人养成乐观、淡然的性格，在人生路上，无论遇到多大的困难与阻碍，都可以坚强面对。感恩的能量是持续的、稳定的、厚积而薄发的，怀着感恩之心，感谢所经历的挫折与苦难，内心会愈发强大，这份能量会推动我们向着自己的理想与事业持续迈进，一路无所畏惧。

做一名幸福工匠，要心怀感恩，消除仇怨。人生在世，总会遇到不如意之事，如果对于遇到的种种不幸和挫折，报以仇怨，内心升起对一切的怨怼之意，只会让我们不断陷入仇怨的循环之中，愈发不幸。仇怨会蒙蔽我们的双眼，让我们看不到世界美好的一面，长此以往，我们会被黑暗吞噬，会被幸福抛弃。因此，心怀感恩，放下仇怨，不念人过，用心感受生活，心态会越来越好，快乐与幸福，自然充满心间。

知恩，故淡然，惜恩，故幸福。生活需要用一颗感恩的心来创造，以感恩之心提高自己思维的高度与格局，才能活出闪耀的自己，追逐永恒的幸福。

只要爱，不要恨

爱创造出幸福，是一种伟大的存在，它可以延伸出强大的力量，让人们拥有前行的勇气。爱是一个普遍性的主题，也是一个恒久的主题，有爱的人才会有感恩心、责任心。真正的工匠内心都是幸福的，是因为他们心中有爱，从爱己开始，进而将爱扩充到职业生涯、生活领域、国家大义，以爱之名，肩负工匠传承之使命。

心中有爱，世界清明，心中有恨，万物悲愤。做一名幸福工匠，需要做到只要爱、不要恨，用充满爱的心灵，挖掘身边的幸福。一个人最好的修养就是心中有爱，只有心中有爱才可以为自己的生活、工作创造出美好的境界。

可以说，爱和艺术相辅相成。人们在谈论工匠精神时，常常会先谈及热爱这一品性，认为热爱使得工匠将工作做到极致，热爱使得他们的人生境界开阔、明朗。对于陶瓷艺术大师黄小玲来说，幸福工匠就是心中有爱，手中有活。

> 黄小玲的陶艺作品自成一派，渗透出特有的气质与艺术美学：色调清新、柔和、明亮，亮晶晶、水灵灵，温润剔透，清雅明快。其作品释放着一股祥和与宁静的气质，如同繁重生活的一股清流，洗涤人们的心灵。
>
> 陶瓷作品可以传递出做瓷人的情绪与心境，一如黄小玲的恩师陈扬龙大师，他在离世之前，曾想画一百件牡丹瓷，每一朵牡丹都像人一样，会哭，会笑。病重之际，他尝试了很多次画"会笑的牡丹"，但没有一次成功，他对女儿叹息："牡丹怎么也没有笑起来。"女儿热泪盈眶："父亲，您生病了，牡丹怎么会笑啊？"

黄小玲的作品给人一种扑面而来的真诚，瓷器上的那些花，那种色调，宁静而又热烈，映衬出创作者内心的热爱。黄小玲说："陶瓷这种手艺活，只有真正爱它才会做一辈子。"从黄小玲的作品上，我们可以感受到她内心深沉的爱意。

瓷艺创作，只有真正热爱，才能不断地超越自我。对于每一个领域的手艺人，爱就是格局，也是工匠精神传承的媒介。

做一名幸福工匠，要心中有爱，而这份爱不仅仅包括对自身工作的热爱，还有对自己的爱、对集体的爱、对国家的爱。爱可以广博，心中有爱，幸福自来。

做一名幸福工匠，要学会爱自己。自爱不等于自私，俄国作家伊凡·谢尔盖耶维奇·屠格涅夫曾说过："自尊自爱，作为一种力求完善的动力，却是一切伟大事业的渊源。"意在说明，自爱是一个人得以生存的首要条件，是一个人得以发展的强大力量。自爱是人的本性，也是人的义务。懂得自爱的工匠，才能以一种积极正向的心态对待生活，才能具备收获幸福的能力。因此，爱要先从自身出发，只有自尊自爱才能从心底涌现幸福之感。

做一名幸福工匠，要学会爱集体。庄子有言："独善其身者，难成大事。"一个我行我素，游离在集体之外的人，终会有孤独、颓废之感。做一名幸福工匠，就要让自己融入集体之中，凝聚热爱集体的力量。热爱集体，无私、勤劳、真诚、奉献，团结一切可团结的力量，让他人感受到自己的关爱。当大家凝聚一心，集体成长起来，身处集体中的我们会感受到幸福与快乐，我们才能成长与发展。因此，无论我们从事怎样的工作，都应该发自内心地去热爱自己的集体，这是一种人生态度，也是收获幸福的条件。

做一名幸福工匠，要学会爱国家。如果说爱自己属于小爱，那么爱国家便是大爱。个人寄托于小家而生活，小家寄托于国家而发展。做一名幸福工匠，要学会爱国家。爱国主义是工匠精神的价值导引，那些真正的大国工匠，无一不是秉承着工匠精神，将自己立身于国家之中，以匠艺强国，为着国家的发展与进步，创新创造，努力打破技术壁垒，展现中国文化自信，提升中国品牌影响力。他们展现着以爱国主义为核心的民族精神，他们在国家发展中实现自己人生价值，感到幸福与骄傲。

以爱而行，心向光明。心中有爱，人生才有光，我们才能看得到幸福的彼端。

只要善，不要恶

王阳明曾说："知善知恶是良知，为善去恶是格物。"人心，承载着一个人的精神和意志，乃善恶的载体。人有意念，便有好恶，以良知判断善恶，去做善的事情，消除恶的意念，以致格物。

真正的工匠都是生活家，追寻内心的幸福。做一名幸福工匠，要知善知恶、为善去恶，心怀宽容，清澈明朗，听从内心的安排，保持一些善意的执念，专注做事，以致匠心。

古时候的某个村子里，有一位姓张的木匠，12岁的时候成了镇上寿材铺李老板的徒弟，跟着其学习木工手艺。后来，遇到战乱之年，镇子附近常有战事发生。在张木匠村子的附近，有一座木桥，连通着南北两岸。一次，炮火突至，木桥被毁，正在桥上的几十名百姓掉进河中而亡。

张木匠得知此事后，背着出门办事的师傅，将店铺中的木板和铁钉拉到桥坏处，张罗村民一起，用铁钉连接好木板，重新铺好桥面，又从店铺中拉来寿材，将落水而亡的村民放进寿材中，分文不取。做完这些之后，他便双手托着一把厚厚的戒尺，跪在房门处，等待师傅的归来。

师傅回来后，了解了事情的原委，得知了张木匠的善举，非但没有责骂他，反而奖励了张木匠一些钱财。

后来，李老板生病去世，张木匠接手寿材店，他依然保持着善良的本性，无偿给穷人提供寿材，并自己出钱为村子里的孩子修建私塾。张木匠一直活到100多岁，村里的人常常感叹："张木匠行善积德一辈子，得此福报是上天的眷顾。"

慈而善之，是福是幸。工匠精神并不止于敬业和专业，还有对社会的责任和善意，它代表了一种为人处世的哲学精神。在中国，从古至今，各行各业涌现出过很多的工匠典范，他们创造了无与伦比的物质财富，但同时他们也为自己创造了精神财富。众多杰出的工匠心怀善意，秉承着追求至善至美的工匠品质，精心创造每一件物品，在这个过程中，感受幸福。

全世界都向往幸福生活，身为工匠，在厚植工匠文化，弘扬工匠精神，恪守职业操守，崇尚精益求精的时刻，也要向往与追求幸福，追求做一名幸福工匠。成为一名幸福工匠，才更能看到工作的意义，才能更加愿意为行业、为中国品牌与文化而持续创新创造。

做一名幸福工匠，心中不仅要有恩、有爱，还要有善。

人世间最宝贵的是什么？是善良。善是一种精神力量，一种乐观的态度，是想要时刻帮助他人的想法、信念和行为。善良的人往往会有一颗包容之心，不计得失，助人为乐。没有善良、单纯和真实，就不会收获恒久的幸福。善人善己，这就是善良的正能量。如果说才华是天赋，那么善良便是选择。选择善良，可以改变人生，善良能够帮助人们找到正确的方向。

善良是一种淳朴的人生观，一种深沉的智慧，但善良绝不是毫无差别的"烂好人"。一名幸福工匠，可以不计较得失，但绝不软弱，有着坚守的底线；可以心胸宽阔、谦让有礼，但绝不纵容，有着绝不退让的原则。

世界进入一个日新月异的时代，工匠精神的传承，在新时代也面临着严峻的考验。我们常常为了追寻虚无缥缈的远大前程，迷失了自我，舍弃了值得我们珍惜的品质与精神，错失了人生路途上的美好时刻。我们以为只要有了远大前程，就能拥有幸福快乐的生活。然而，其实只有心存善意，放下心中的执念和偏见，才会寻找到真正的幸福和快乐，才能真正成为一名幸福工匠。

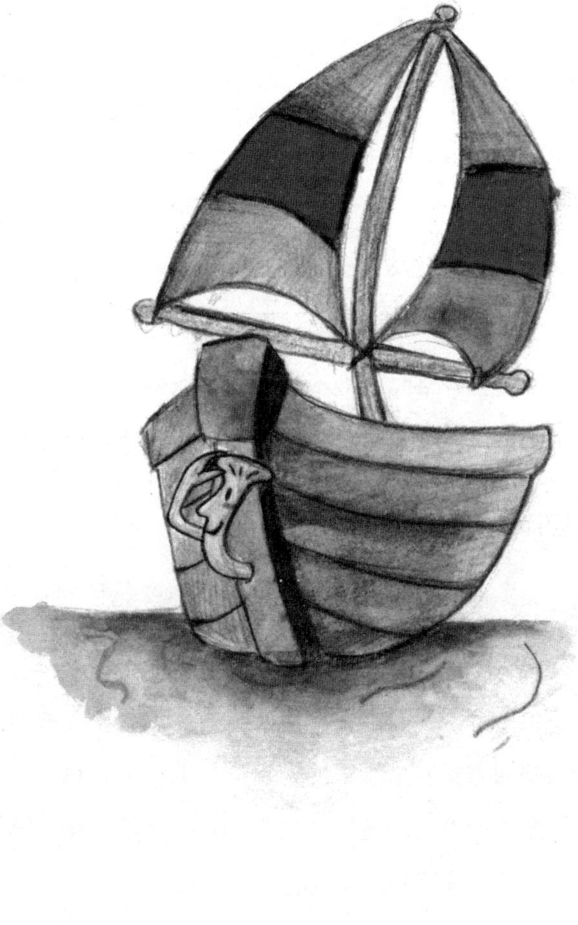

做一名幸福工匠

热爱和快乐是密不可分的，如果我们能清楚地感受到自己的爱，能够在日常生活中享受它，它就是发自内心的幸福。工作不仅是一种职业，更是一生的事业，当一个人对工作着迷并将自己的热情都奉献给工作时，他的精神就会得到最大的抚慰。

当一个人具有高尚的人格时，他不但能使他人感到幸福，也能使他自己感到幸福。只有高贵的人才懂得，把幸福带到他人身边，才是真正的幸福。

工匠，因热爱而幸福

工作虽然无高低贵贱之分，却有难易程度不等之别。对于一名工匠而言，没有热爱便没有乐趣，更谈不上幸福。

人的一生，不过数十载光阴，"从何处来、到何处去"至今还是一个难解的谜题。所有人都面对着同一个名为"人生"的课题，这个课题的规定完成时长不等，由每个人的寿命决定，然后人们用自己的一辈子书写答案。如何度过这几十年的日子？选择非常关键。

你热爱自己的工作吗？

谈到这个话题，一部分人可能会毫不犹豫点点头："那当然了，这是我从小到大的梦想。"美梦成真自然倍加珍惜，不用问，这些人遵从内心，一定是幸福的。一部分人可能会用力摇摇头："不热爱也没办法，都是生活在逼迫我。"被逼无奈凸显不甘与落寞，这些人即使表面上过得不错，心底也始终不会平顺。还有一部分人可能会挠挠头："干什么工作不是干，混着日子就可以了，哪有什么热爱不热爱？"浑浑噩噩、得过且过，这些人看起来无欲无求，实则受眼界所限根本没有找到自身价值所在。

汪曾祺在《人间草木》中说过："一定要爱着点儿什么，恰似草木对光阴的钟情。"无情的草与木都在光阴的变换中表现出不一样的活力，何况多情的人类，也要爱着点儿什么，才不会虚度年华，活得更有意义。

"舍半生，给茫茫大漠。从未名湖到莫高窟，守住前辈的火，开辟明天的路。半个世纪的风沙，不是谁都经得起吹打。一腔爱，一洞画，一场文化苦旅，从青春到白发。心归处，是敦煌。"这是"感动中国2019年度人物"颁奖典礼上栏目写给樊锦诗的颁奖词。

樊锦诗，1938年在北京出生，因战乱到上海生活，后考上了北京大学。怀着对敦煌的向往，她选择了考古学系。大学毕业后，樊锦诗来到大西北，扎根大漠，投入到敦煌石窟考古研究中，为此长达19年与丈夫两地分居，最终完成了敦煌莫高窟的分期断代，成功构建"数字敦煌"。她曾说："敦煌叫人着迷，我的心一直在敦煌，要去守护好敦煌，这就是我的命。"正是因为热爱敦煌，樊锦诗不怕苦和累，把青春献给敦煌，坚定守护文化瑰宝，书写了一名文物工作者的高尚与纯粹。

热爱，其实就是积极版本的"不撞南墙不回头"。任何工作，一旦投入其中，总能得到一些享受。

第81届奥斯卡最佳外语片获奖影片《入殓师》中有一句台词：当你做某件事的时候，你就要跟它建立起一种难割难舍的情结，不要拒绝它，要把它看成一个有生命、有灵气的生命体，要用心跟它进行交流。这部影片塑造了一位经历下岗再就业的普通葬仪师，他怀着对工作的热情，用高超的化妆技术为遗体打扮装饰，给往生者尊重，让活着的人得到安慰。从不理解到深度思考，这位葬仪师在一次又一次的工作中爱上了自己的职业，感受到了本职工作的庄严与神圣，也收获了幸福和满足。

作为一名普通工匠，在日常生活中，对工作多一度热爱，也就可以多一分幸福。

改变心态。不要总是想着"我讨厌今天的工作"，任何负面情绪对于工作都是不利的，要纯粹地工作，不要夹杂别的想法。

拥抱工作。热恋中的一对有情人，总是难舍难分的。在工作中，不妨学习一下这些有情人，不过不同的是，你的热恋对象是工作，即使你没有从事自己喜欢的工作，让自己接纳现在的工作，尝试喜欢上现在的工作也是一个好的选择。

与工作合二为一。请你尝试理解"我即工作、工作即我"这句话，逐渐让工作与自己的距离靠近。假如在工作中，遇到一个技术难题无法解决，那么你最好在解决它之前不要让它离开你的头脑。

无需燃料即可自燃。无论在工作中有什么事情，不要等别人命令才动手，要自发去做，主动去发现问题、解决困难。

工匠，因迷恋而幸福

工作让每个人的生命有了意义，而爱更是做好本职工作的动力。对于大多数工匠来说，一辈子的时间都在钻研一门技艺，若非迷恋工作，怎么能在如此漫长的光阴里坚守并且毫无怨言呢？因为迷恋工作，工匠可以在工作中获得乐趣，从而在精神上得到满足。日日满足，便日日幸福。

日本陶艺家河井宽次郎在《工作的颂歌》这首诗中写道："工作有惊人的力量，工作无所不知，你问它，它就传授，你求它，它便应允，工作最喜欢的就是苦活累活，再苦再累，只要交给它，我们就坐享其成好了。"在河井宽次郎的眼中，工作本身成为被称颂的对象，而不再关注工作的人。这是因为当一个人沉醉在工作状态的时候，会逐渐忘记自我的存在。既然"我"都消失了，那么"工作"自然变成了主角，在它的舞台上熠熠生辉。看来，这位陶艺家能有这样的感悟，也是一位对工作深深迷恋的人。

迷恋是过分喜欢，是不受控制的着迷，更是长久的忘我。这是一种自发行为，往往不计后果、甘之如饴。诗仙李白斗酒诗百篇，在微醺之中，在月光之下，他的思绪如泉水汩汩涌出，下笔犹有神助，创造出不朽的动人诗句。后世之人读李白的诗，也总有肆意洒脱、酣畅淋漓之感，更能体会此人之痴。再说草书狂人怀素，自小便痴迷书法，整日胡写胡画，用芭蕉叶练字，连寺院墙壁、衣服、器皿也不放过。怀素曾经长时间观察夏天的云的姿态，眼见云朵跟着风势变化，有的像奇异险怪的山峰，有的像翻腾的蛟龙，有的像展翅的大鹏，自觉奇妙，也由此开悟，将云朵随风的变化运用到狂草里，最终自成一派。此人对艺术的痴迷，实在令人动容。像李白、怀素这样对自己所爱痴迷的人，无论古今，都是很宝贵的存在。如若人们对待自己的工作也有这样的态度，又何愁做不好事情呢？

事实上，在实际生活中，有一些人常常希望自己的工作可以更上一层，但总是因为加班时间长而苦闷不已，总是嫌弃工作太多、太难而避重就轻，总是抱怨工作太麻烦而满腹牢骚，反而会为了一个好看的发型等待几个小时。这些人为工作花费的时间不够、心思不多，怎能指望工作回报丰厚呢？

对工作迷恋更多体现的是一种对待人生的态度。当一个人被赋予一项任务，那么他就应该认真做好。痴迷于工作，多一点思考，讲究细节，追求质量,每个人都应该主动做一个自我燃烧的人。

一个自我燃烧的人,人生往往与美好、快乐相伴,他的世界丰富多彩,也有一颗从未改变的心。对工作的迷恋,让他成功,让他充满激情,也让他的人格得到陶冶。他在快乐地工作,也在幸福地生活。中国核潜艇研究设计专家、"中国核潜艇之父"黄旭华就是这样一个自我燃烧的人。

从1958年到1987年,30年岁月无声,黄旭华隐姓埋名,默默坚守在核潜艇研制领域。他从不回老家,也很少联系亲朋,更不透露工作信息,只为保守国家最高机密。等到我国第一代核潜艇总设计师的身份解密后,黄旭华的家人才终于了解他这些年到底在做什么。对此,黄旭华虽感愧疚,却不曾后悔,因为他心中早已坚定报国之心。当中国核潜艇"404艇"在南海"极限深潜"成功之时,黄旭华挥毫落笔,写下"花甲痴翁,志探龙宫,惊涛骇浪,乐在其中",表达自己对核潜艇研制痴心不改、无怨无悔的激动心情。

伟大有伟大的意义,平凡有平凡的传奇。作为一名普通工匠,迷恋工作,就是要勇于克服困难、努力排除干扰、尽量投入精力,必须静得下、坐得住、钻得进,少一些玩乐、物欲和左右摇摆,才能更好地实现自我价值、成就事业,收获幸福人生。

工匠,因自律而幸福

唐代诗人张九龄在《贬韩朝宗洪州刺史制》中曾曰:"不能自律,何以正人?"自律是一种低调的人格魅力,真正自律的人,无人监督,仍认真不减。于工匠而言,自律是一种素质与觉悟,是他们的本能,无须他人的催促与监督。工匠严以律己、克己奉公,努力做好每一件事,磨炼自身的技术,提高自己的能力,为国家、社会做出自己的贡献,这于他们是一种幸福,是在自律中约束自我、克服惰性,实现人生价值的幸福。

著名评剧演员白玉霜，演技很高，被人称作"评剧皇后"。她为了做到自知、自律，不论三伏酷暑，还是三九严冬，一有时间就去练功，练嗓子。有人对她说："你已成名了，干吗还这么苦练？"她笑笑说："戏是无止境的。"

晚清第一重臣曾国藩，被称为"半个圣人"，以自律改变自己平庸的后半生。曾国藩天资愚笨，还有着三大缺点，即心性浮躁，没定性；为人傲慢，没修养；言不由衷，不真诚。而这样的一介庸人，在下定决心改变自己、成就自己时，付出的艰辛可以想象。他为自己制定了12条自律条规，其中包括：早起、静坐、主敬、读史、日记等，每天从早到晚他一一执行。正是这种对自我的高度约束，日复一日的自律，才成就了曾国藩，他成为被世人敬仰的励志偶像。

村上春树在《大方》杂志的长篇访谈中说到自律，谈到他每天的"标准生活"："每天凌晨四点左右起床，从来不用闹钟，泡咖啡，吃点心，就立即开始工作。重点是，要马上进入工作，不能拖拖拉拉。然后，写五六个小时，到上午十点为止。每天写十页，相当于每页四百字的稿纸。"

自律的程度，决定人生的高度，那些成功的人士，大多保持着高度的自律精神。自律，早已成为他们的一种习惯，成为他们一举一动中无法消磨的行为。一个人如果没有自律，是很难成就一番事业的。尤其是在当下的时代，社会各处充满了诱惑，很多人难以保持高度的定力与自律，而一个不善于自律的人，通常也是贪图安逸的，这样的人很难有所作为。

其实，自律行为的背后是一个人的修养境界，那些大国工匠，那些劳动模范，无不以自律节制欲望、规范行为，从未见过他们会觉得自律束缚了自由，正是因为他们保持着高度的自律，将自己的时间安排得高效、有序，他们才获得了更大的自由。

工匠，为自己设定最严格的标准，让自己的期待高于别人的期待，在自动自发的内在动力和自我约束中，实现自我价值，体会人生幸福。

人生最大的敌人就是自己，懂得自律的人才能自主掌控人生。

工匠，因自律而幸福，是因为他们的眼光不止于眼下。他们明白，山顶的风景才是最美的，他们如同苦行僧般自我磨砺，为了那一毫一厘，勤学苦练，严格要求自己，不允许有丝毫懈怠，最大化提升自己的能力。而人越自律，能力越强，幸福指数越高。

工匠，因自律而幸福，是因为他们慎独。《礼记·中庸》中有一句话："莫见乎隐，莫显乎微，故君子慎其独也。"一个人如果能够做到慎独，就可以内省不疚，可以泰然处之，可以欣慰、平静。慎独是一种真诚，在职业生涯中，我们始终应该保持一种自律精神和问心无愧的心态，努力做到不欺人、不自欺，做到品行上的严格自律。无论内外环境如何变化，无论遇到什么大风大浪，我们都能始终如一地表现出应有的处事智慧，妥善解决各种问题。

工匠，因自律而幸福，是因为他们懂得控制欲望。人的一生会面临各种诱惑，拥有各种欲望，意志不坚定的人，会沉沦堕落，迷失自我。工匠，秉承工匠精神，以责任与使命严格约束自己，恪尽职守，以高度的自律，控制自己的欲望与贪念，节制不放纵，执着坚守，心灵净澈，而正是这样的境界与格局，使得工匠在守正中走向幸福的人生路。我们应该秉承这种自律精神，控制欲望，懂得满足，知足令人幸福。

当我们足够自律时，我们的人生自然而然会顺意、幸福。

因此，要保持自律。

自律，方能对自己的人生收放自如；

自律，方能使人更加强大，人生更加充实；

自律，方能看得到幸福的未来。

工匠，因认可而幸福

滴水穿石震撼人心，那是无数个日夜坚持才有的结果；河蚌孕育珍珠，那是经历了巨大的苦痛和磨砺才有的收获。当有人头顶光环站在金字塔尖，必然是踏过了一路的荆棘。他们需要的不是成功后别人羡慕的眼神，而是他人发自内心的认可，对他们努力的认可。每一个雕琢自己的人，都希望获得别人的一句肯定，工匠同样如此。他们可以平静地接受和忍受所经历的困苦，但当他们获得各种荣誉的那一刻，让他们动容的不是沉甸甸的奖牌，而是那份认可，那份对他们努力与坚守的认可，那一刻，工匠是幸福的，那一刻他们才真正获得归属感与价值感。

心理学家威廉·詹姆斯曾说："人类性情中最强烈的渴望就是受到他人认同。"无论是在工作还是生活中，我们都渴望在完成一件事情后，得到别人的认可与赞同，以此鼓励自己、坚定信心。

于工匠而言，认可是他们前进的动力与信念。没有与生俱来的成就，也没有从天而降的幸运，凡有大成者，无一不是大浪淘沙，百炼才成金。工匠，坚守在各行业的基层一线，奉献自己的青春，创造着社会价值，他们内心渴望着自己被认可、被尊重、被理解，对于他们而言，赋予他们代表肯定的荣誉奖章，可以让他们内心充满幸福与骄傲。

全国人大代表、北京汽车株洲分公司维修工、高级技师吴端华表示，作为一名工匠，他的幸福就是自己的技术有了新的提升，被认可，被肯定。吴端华在汽车维修与自主创新成果的开发和应用等方面取得了丰硕成果，他所在的创新工作室被命名为"吴端华创新工作室"，他自己也先后被评选为株洲分公司一级工匠、北汽集团技能人才、株洲市技能大师等,并获得湖南省五一劳动奖章。

  这一项项的荣誉,就是对吴端华的认可,对他技术的认可、努力的认可、创新的认可、创造价值的认可。吴端华说:"我们是赶上了好时代,通过我们自己的努力,换来幸福的生活。"

  工匠,是职业,也是赞美。全国乃是世界对于工匠的重视程度不断提升,无论是开展"智慧工匠"的评选,还是组织工匠技能大赛;无论是赋予工匠荣誉称号,还是制作大国工匠的纪录片,都体现出对传承工匠精神,在某个领域追求"精"与"专"的工匠们的认可与肯定,赞扬与尊重。

  工匠精神的传承需要一代又一代优秀技能工匠的自我发展,还需要全社会对工匠价值的认可与尊重。工匠,因认可而幸福;社会,因认可工匠而发展。

  成为幸福工匠,对于工匠而言才能真正与自己的职业融为一体,在工作中寻找到人生的价值与乐趣。认可,是工匠幸福的一个支点,而要得到他人的认可,工匠需要坚定匠心,树立正确的人生态度,从容独立、不贪多求快,脚踏实地,艰苦磨炼,专业专注,努力成为自己岗位的专家,打磨让中国人骄傲的"中国品质"。当工匠回归了初心,完成从"工"到"匠"的转变,用作品实现自身价值时,认可与赞扬自然而至。

  工匠,因认可而幸福,这份幸福不仅取决于工匠本身,很大程度上也取决于社会,取决于我们每一个人。积极回应那些在某一领域"如切如磋,如琢如磨"的匠人,给用心做事的人以认可与尊崇,他们才能在认可中感受到社会对他们的需要,对他们价值的肯定,他们才能具有更强的底气与动力,让中国制造、中国创造更具竞争力。

  有真本事的大国工匠,一定能得到全社会的认可与尊重。被认可的工匠,是幸福的。认可,不仅让工匠幸福,也让他们更加坚定匠心,在今后的人生路上，以工匠精神倾注事业，以更加强烈的责任感与使命感，为提升"中国制造"在国际市场的竞争力，真扎实干，踏实前行。

工匠，因习惯而幸福

《现代汉语词典》对"习惯"的解释为：在长时期里逐渐养成的、一时不容易改变的行为、倾向或社会风尚。而"匠行"是劳动者在特殊的职业活动中所形成的一种行为习惯。马斯洛曾经说过："心若改变，你的态度跟着改变；态度改变，你的习惯跟着改变；习惯改变，你的性格跟着改变；性格改变，你的人生跟着改变。"要想在工作中找到快乐，就必须要养成一种习惯，在特定的情况下不自觉地去做一些事情。这是一种将工作技巧融入身体里的需求，也是一种实践经验的积累。

细节决定成败，态度决定习惯。态度深深扎根于我们的心灵，影响着我们的思考、判断、情绪和行为。在我们每天的工作中，所有的事情都是由无数小事构成的，如果有一个环节出了差错，都可能让我们前功尽弃。这就像是一条锁链，每一个环节都是相连的，任何一个环节被破坏了，那么这条锁链就不能再用了。所以说，要想做好一件事需要做很多准备。如果你还不知道如何处理自己遇到的问题，可以试试下面的做法：一是不要急着去找别人帮忙；二是尽量让自己冷静下来，找到原因并分析其根源；三是学会控制好情绪，不要轻易发脾气；四是乐观的心态能让我们享受成功的喜悦，而负面的心态会让我们的生活陷入困境和痛苦。

有一家公司改用了语音信箱，员工可以通过对着麦克风说话来接收邮件。但从实际运用来看这并不是一个好的改变。很多时候，工作人员都是因为信号太差，对话筒说了十多条都没有收到任何的消息。一位女同事为此心烦意乱，一收到邮件就会对着话筒破口大骂，甚至还将话筒摔向地板。但有一个年轻的男生却不一样。一开始他还有些埋怨，但很快就想出了办法。他总结出了几条改进方案，经过几个星期的努力，总算是把问题给解决了，一年后，他就被提拔为了部门经理。而那个整天抱怨的女同事因工作总是出差错被开除了。

当我们以负面的心态去评价事情时，我们就是在暗中告诉自己，事情并不顺利、生活也并不如意，这样只会增加我们的压力。这种行为充满了负面情绪，而且会使我们变得更坏。负面的情绪总是让我们专注于当下的不公、挫折等问题，而非解决问题。作家张德芬曾经说过："消极的人应该学会接受自己。"负面的心态实质上是一种自虐，当你在工作和生活中都处于沮丧状态时，它就会变成一柄锋利地刺向自己的刀。播种有毒的种子只能使生命充满荆棘，乐观的心态能带来向上的动力。

"内耗"这个词在互联网上很流行。实际上，负面心态是一种典型的"内耗"，它会使我们的精神和身体都变得疲惫，使我们无法面对困难。为了让自己的生活变得更好，首先要停止抱怨，然后再继续前进直到摆脱困境。负面情绪比困境更让人痛苦。持续的沮丧是一个恶性循环，我们要从停止抱怨开始，让心态进入一个更积极、更幸福的良性循环。要想获得成功，态度是很重要的。光有正面的心态是不够的，还要具备一定的技巧，才能将其转化为成功的态度。当我们遇到挫折时，不要轻易放弃，而是应该去寻求帮助，并不断地学习新知识以提高自身素质。只有这样才会产生巨大的能量，从而达到改变人生的目的。

法国学者培根曾经说过："习惯是人生的主宰，人们应该努力地追求好习惯。"的确，行为习惯就像我们身上的指南针指引着我们行动。每个人都渴望成功，但并不希望别人也能做到这一点。因此，许多人一遇到挫折就垂头丧气、自怨自艾。其实，真正要获得成功还需坚持。成功者之所以取得成功，是因为他们拥有良好的行为习惯。人本来就是一种习惯性的动物，无论我们是否愿意习惯总是无孔不入，渗透在我们生活的方方面面，很少有人能够意识到习惯的影响力如此之大。在生活中，有些人会养成一些好的生活习惯，比如按时作息；而有些人则会形成一些坏习惯，比如懒惰等，这些行为往往会给人们带来一定的困扰。坚持正确的生活习惯，一个重要因素就是保持一丝不苟的态度以及严谨细致的精神。

事实上，习惯并不只是对人们的日常生活产生影响，还具有很大的威力。就像卡耐基说的："习惯可以使人成功，也可以使人毁灭。"好的习惯是一种精神资本，储存在人的神经系统里，随着时间的推移人们会从中得到好处。而一些恶习，就像一道无情的墙壁将我们和成功隔绝。习惯会影响人的一生，这一点是不争的事实。它就像一把锋利的尖刀，个人所拥有的性格都是它的杰作。习惯不是一时兴起，也不是一朝一夕的，而是一种长期的、强大的、持续的影响，可能会伴随着一生。

昨日的习惯造就了今日的我们，今日的习惯决定明天的我们。让我们从点滴做起，养成良好的工作习惯，用健康的心态创造幸福的未来！

工匠，因勤劳而幸福

什么是工匠的幸福？

当工匠凭借着一双勤劳的双手，精雕细琢，精益求精，注重每一个细节，审视每一个角度，坚持不懈地完成一件有价值的事情时，他就是幸福的。瞿秋白曾经说过："最有幸福的，只是勤劳的劳动之后。"朴实勤奋是工匠精神最为动人之处，他们内敛而又坚持自我，脚踏实地，用自己的双手与智慧创造着财富。如若没有持之以恒的态度，没有勤劳奋进的决心，咫尺匠心难以铸成。勤，可以治惰；勤，可以治庸。工匠，因勤劳而幸福。

"勤"是中华民族千百年传承下来的最朴实无华的优良传统；是兴家法

宝，立世本源；是时代和社会发展所弘扬的精髓文化。习近平总书记曾经说过："人世间的一切幸福都需要靠辛勤的劳动来创造。"劳动是财富的源泉，也是幸福的源泉。

刻苦、勤劳、认真是所有工匠身上共有的精神品质，我们在每一个大国工匠身上，都会发现这样的特质。中国工艺美术大师张来喜的身上同样折射出"勤"这一品性，他以勤勤恳恳的匠人之姿，雕刻着一件件具有艺术价值的作品。

全国五一劳动奖章获得者——张来喜，一直以来都深刻认为，想要在平凡的工作中做出不平凡的成就，更需要自身的勤奋、勤劳、勤勉。

在张来喜的办公桌上长年放着"酸麻肿痛消贴"，那是因为制作漆器需要进行雕琢，一坐就是四五个小时，有时候一天下来，腰都弯不下来，腰酸背痛是家常便饭。张来喜表示，他清楚地记得在他跟随师父的第一天，师父就告诉他，要想在这个行业里干出名堂来，除了勤奋就是勤奋，除去上厕所，上班时间屁股不要离开凳子。此外，还要利用业余时间补充自己的理论知识，多画画、多接触与雕刻有关的事物。张来喜将师父告诉他的话刻在骨子里，勤能补拙，他从不敢有一丝懈怠与懒惰。

张来喜招徒弟，首先看的就是能吃苦、勤劳。他说："行家一出手，就知有没有。你做出的东西好坏，是靠百分之四十的勤劳和百分之三十的阅历积淀铸就的。天赋当然也是很重要的，但并不能代表全部。"

成功首先来自勤劳，一份平凡的工作更需要从容、安定、踏踏实实地去干。勤劳＋积淀，是做好雕刻工艺的条件，而张来喜也正是凭借着勤劳，通过艰辛的努力，在平凡中做出不平凡，在平凡中获得充实的幸福。

工匠，多是在劳动中精益求精、勤勉不懈的人，他们凭着一颗耐得住寂寞的匠心，打磨技艺，创新工艺，在一次次的劳动创造中制造价值。

工匠，既平凡又不平凡。木匠千千万，却不是人人都成鲁班；厨工随处见，却未必都能成为解牛庖丁。真正的工匠大师，从技艺到态度，都做到了极致，可以将一个动作重复成千上万遍，有恒心、有毅力，在经年累月的打磨与辛勤劳动中，提升自我，成就自我。所以，工匠，因勤劳而幸福，而让他们感到幸福的，是辛勤劳作背后所创造的价值，所收获的成就感。

工匠，因勤劳而幸福，但他们却不是单纯地埋头苦干，拘泥于所谓的"匠气"，而是在勤劳与奋斗中创新、创造。他们虽做事一板一眼、一丝不苟，但却从不死板。工匠，在该守的标准、规律、制度前，从不随意妄为，但在日复一日勤劳工作的同时，也不忘探索未知的世界，创新工艺，铸就新的历史伟业。

人民创造历史，劳动开创未来，社会主义是干出来的，新时代是奋斗出来，勤劳与实干，创造幸福之歌。正是靠着工匠们勤劳的双手和一往无前的奋斗姿态，在一个个时间点上勇毅笃行，才能创造出时代的辉煌。对于每一位工匠而言，匠心有恒，历经千帆终无悔，他们所经历的磨砺，只不过是他们走向伟大的序曲，是他们创造幸福的基础。

工匠，因高尚而幸福

工匠是什么？有一种坚持叫做工匠的执着，有一种品德叫做工匠的美德，有一种智慧叫做匠人的聪明，有一种性格叫做匠人的纯朴；有一种手艺叫做匠人，一种勤劳叫做匠人，一种情怀叫做匠人。工匠，就是要一步一个脚印，就像是一棵参天大树从一棵小树一点点地长大。

所谓的工匠精神，就是时时刻刻都要注意，不能错过任何一个细节。人们在称赞工匠时都说巧夺天工、技艺高超，但他们从来没有想过这句话到底是在说什么。后世之人，往往不能完全解读先辈的思想。工匠精神是一种职业精神，是职业道德、能力、品质的体现，是职业人员的职业价值观和职业行为的体现。那是一种坚定而又真诚的信念！

也许很多人都会认为，工匠就是不停地重复劳动的人，甚至认为工匠是苦力，干活再苦再累也挣不了多少钱。这是一种错误的刻板印象。其实，工匠是为了使人生更精彩、更有价值而倾尽一生努力的人。他们用手中的工具和汗水去创造出更多美丽的作品，使世界变得更加绚丽多彩，这正是工匠精神所体现的价值所在。

一个老板去工地上寻找最有耐心的员工，准备提升他的职位。他先走进了一栋建筑，看到一位年轻工人正小心翼翼地用水泥抹墙，不过他的动作并不熟练，显然是新来的。"师傅是新来的吗？"他问道，然而那个工人根本就没有理会他。他心里想："可能是我打扰到他工作了，我一会再来吧！"过了一会儿老板又回来了，看到那个工人正坐在那里喝水。再看工人刚结束的工作，老板心中不由赞叹道："不会吧，他刚才的抹墙手法那么笨拙，如何把这堵墙抹得这样出色？"

老板好奇地走到年轻工人身边，问道："年轻人，你是怎么把抹墙的工作干得这么好的？"年轻人回答道："我也不清楚，可能是因为我的工作承载着未来别人收房的欢乐吧。"老板继续说道："我之前来过，还和你打招呼了，你还记得吗？"年轻人回答道："抱歉，我刚才沉浸在自己的世界里，没有听到。"

夕阳西下，老板终于找到了自己要寻找的"工匠"，也找到了真正的"工匠精神"，正是工匠的执着才让我们有了今天的幸福。

大千世界芸芸众生，平凡永远是人生的重要部分，但在平凡之中孕育出了伟大。平凡的劳动成就高尚的事业，平凡的劳动创造着人生的辉煌。坚持一件事情是很难，但是结果的甜蜜可能是不坚持的人一生都无法体会的，只有用心去做的人才能真正体会到其中的快乐。这是一种高尚的享受。付出努力后的收获比任何东西都要甜美，哪怕是期间经历的诸多苦涩也会被甘甜所取代。工作中要以奉献和服务为宗旨，保持严于律己的心态，不断开拓创新。只要不甘心平庸，一定会在平凡的岗位上演绎出美妙的人生。

央视在一期新闻节目上进行了一次"你幸福吗"主题的采访，许多被采访的人认为自己的快乐并没有实现，当被问到如何理解幸福时，很多人的答案都类似于"在海边有一栋房子，可以面对着大海，春暖花开"。这样的幸福或许物质上可以得到满足，但失去了内在的幸福。

工作并不只是为了换取物质上的回报，更是对生活的态度与价值的表达。将工作视为一种修炼，意味着你要明白工作并不只是为了获得支撑生活的收入，更不是为了名利或者别人的赞美。工作本身就是人生的价值所在。

"工匠精神"不是一句空话，而是每个人都要有自己的一套标准。以纯粹的价值观念取代浮躁、功利的工作观念，才能让人生沉淀下来，抵制周遭无穷诱惑，才能专注地把"最简单的招式练到极限"。一旦选定了一个行业，就要全身心地投入工作，用爱心把工作做好，不要有抱怨，抱怨会扼杀你的热情和价值。对自己的工作充满敬意，以正确的工作观念来引导自己的工作，就会有好的结果。尊重自己的工作、不走捷径是最快捷的途径，工作是人生的价值的体现，是对自己人生的尊重。

幸福，是全球工匠共享的愿景

匠心筑梦，大国崛起。真正的大国工匠不会一味追求一时的成功，而是会将目光放长远，将取得一生的成就作为自己的追求。

工匠既要重视产品的现实性，又要重视工艺的传承。在工作中要把献身精神和敬业精神结合起来脚踏实地、着眼于将来。能够在任何时候都能保持一颗平静的心，不为眼前的困难所困扰，不去在意一时的成败，一心为自己的事业与未来而努力。

对每一件小事都要细心，力求完美。工匠不能一味随波逐流，要始终坚守自己的立场，坚持自己的目标，不轻易动摇。传承与发扬专业技术，还要有创新的研究精神。同时，想要做一名幸福的匠人，还要让自己的实力更上一层楼，心甘情愿长久地奉献自我。

匠人能感受幸福，是因为他们能在工作中找到属于自己的归宿，从而实现自己的价值。分享的过程和思想，明显更有意义，也更有价值。分享成功，催人奋进，激发斗志；分享失败，汲取教训，收获经验。在分享中，提升幸福感，成为幸福分享家。

不要在乎一时的成就，要去追逐一生的成就

随着时代进步和社会发展，曾经的一些手艺人已经不能继续满足当下人们的需求，逐渐消失在大众视野中，但他们的工匠精神却传承下来，且历久

弥新。手艺人的产品是他们一时的成就，而传承下来的工匠精神却可以称为他们这一生最大的成就。

在古代，木匠可以不使用铆钉，仅用木材就能建造出坚实稳固的房屋，凭借的正是工匠高超的技艺。在不断追求精湛技艺的鞭策下，古代匠人开始逐渐具备工匠精神。

《论语》中说："无欲速，无见小利。欲速则不达，见小利则大事不成。"意思是不要一味求快，不要贪求小利。有时候，求快反而更容易达不到目的，贪图小利就做不成大事。工匠会沉淀下来，耐心对待每一个工作细节；工匠会学会把目光放长远，不局限于当下的成就和成功。

如今，我们走过了不平凡的征程，各行各业都在积极奋进，取得了亮眼的成就，迈向发展新征程。在征程中，工匠不仅要注重当下产品的生产，更要注重技艺的传承。对于当下的我们而言，取得并守住现在的成就虽然不易，但更不易的是如何在未来朝着高水平、高质量迈进。

我国的匠人之所以可以被称为"大国工匠"，是因为他们从不计较得失，不抱怨辛劳；是因为他们从不在意当下的成功和利益，他们会为自己制定一个目标，并始终为之奋斗。对工匠而言，奉献，是坚守和责任；是日复一日的付出；是不计较当下，放眼未来发展。换言之，工匠是要将奉献精神融入工作中，脚踏实地，放眼未来，不追求当下一时的成功，将追逐一生的成就作为奋斗目标。

大国工匠过人的技艺，源自数十年磨一剑的坚持，这份孜孜不倦和认真专注是值得所有人学习的。甘为人梯，守住初心，耐住寂寞，在任何困难和诱惑面前，工匠都始终能保持平和的心态，不被当下所困所扰，不在乎当下的成功与失败，一心埋头工作与事业，为未来发展和伟大成就作出贡献。

在各行各业中，都有一些工作者为了获取一时的成功，偷工减料、得过且过，这种行为看似赢得了当下的成功，但实际上却是舍本逐末、因小失大。真正的成功，必然是对长远规划有所益处的，是对未来发展有所助力的。

《我在故宫修文物》作为一个纪录片，在播出后引发全网关注和热议。它以影像的模式，传递出可贵的工匠精神。而这部纪录片的主人公不是那些价值不菲的文物，而是隐藏在文物背后的文物修复师。

在纪录片中，修表的师父修好一个文物表，需要200多天；修瓷器的师父重新给瓷器某个地方着色，可能需要几万笔。正是这种坚持不懈、不厌其烦的态度，让人们重新认识了工匠精神。

文物修复师的人生与文化交织在一起，文物在潜移默化中影响了他们的精神，他们用时间和技艺给予了文物新生。他们耐得住寂寞、沉得下心，对他们而言，一生最大的成就可能就是修复好一件文物，将其修复如初，让它再次以最美好的形态呈现出来。

在文物修复师身上，不仅体现出不厌其烦地坚持，还体现出他们不在意眼前的成功，而是关注未来、关注质量的长远追求。在纪录片中，文物修复师从不为了"快"和名利而忽略修复的质量，他们用心对待每个小物件，精益求精。

所以，工匠所承担和传承的不仅是技艺，更是精神，一种不在乎当下成功、放眼未来成就的精神。

幸福工匠不随波逐流，一心一事成为幸福人

现在是信息爆炸的时代，人们所能接收到的信息是过去的上百倍，甚至上千倍。在这种环境下，如何鉴别信息，如何坚守自我；是选择坚持自己的想法，还是选择改变自己的想法，是当下所有工匠都应该思考的问题。

司马迁在《史记·屈原贾生列传》曾写道："夫圣人者，不凝滞于物而能与世推移。举世混浊，何不随其流而扬其波？"这句话翻译过来就是所谓的圣人不局限于世俗的形式和干扰，能够与时俱进，能够根据时间的发展变化而做出相应改变。后来，这句话引申出"随波逐流"这一成语。

在各行各业中，随波逐流有时候代表的是没有主见、盲目跟从；有时候代表着跟随时代发展和行业变化。对工匠而言，随波逐流却不是最佳选择，他们有时候要经历渐进、渐成的过程，在这个过程中，他们会遭遇各种失败与瓶颈，如果没有直面困难的勇气，没有坚持不懈的毅力，那就无法成为一名合格的工匠。

在工作中，一味地随波逐流会使工匠的脑子处于"休克"状态，得不到提升与进步。如果没有自己的主见和坚守，只是盲目接受外界信息，看见什么就接受什么，将所接收到的所有信息都运用到工作中，那么会严重干扰到自己。对于工匠而言，他们不仅需要继承和弘扬专业技能，更要有创新、创优的钻研精神。如果工匠过于依赖外界信息，随波逐流，往往会使工匠的大脑变成"回收站"，生产出的产品将是一成不变的。

但不随波逐流绝不意味着拒绝接受外界一切信息，工匠要坚持自己的事业，但也要结合当下科技的发展，将有用的科技融入技艺中；对外界信息加以筛选和处理，提炼出最有用的内容，形成自己的知识库，并运用到工作中，最终提升自身的综合能力。

有人在随波逐流中迷失自我，有人在坚守自我中获得幸福。很多工匠都是在坚持自我、突破自我的过程中，实现自我价值、获得幸福。

建盏一直被誉为瓷坛明珠，被认为是一种为茶而生的瓷器，曾在宋朝盛极一时。但因其工艺造价过高、饮茶习惯改变，建盏被断烧。20世纪70年代末，我国有关机构组织专家、匠人对断代失传的建窑建盏烧制工艺进行发掘、研究，钻研古法 13 道传统非遗制作工序。在不断试错中，我国工匠以国礼造办的工艺标准，成功复刻了一批建窑建盏，尽最大努力还原宋代的极简美学风尚。

蔡龙，作为建窑建盏烧制技艺非遗传承人，一直在钻研建盏工艺。其中，他烧制的"百花盏"让众人眼前一亮，银蓝色的花纹如百花齐放。"百花盏"的出现，源自蔡龙长时间的潜心研制，在古法的技艺上融合创新。

建盏匠人要面对的不仅是日复一日的烧制建窑，还要不断试错，完善烧制工艺。在试错过程中，也会遭遇失败，也要从头再来。但很多匠人都从未想过要放弃，而是坚守自己的岗位和初心，成为一名幸福工匠，发自内心地感受到快乐和幸福，并愿意长期为其付出。

在工匠精神的影响下，工匠不仅具备敬业、精益和专注等基本素养，还培养出了坚守、创新等素养。对他们而言，成为工匠绝不只是依靠技艺，更是要依靠他们的精神和素养，这样才能创造出优秀的产品。

即使是在日复一日的工作中，工匠也能怀揣着最大的热情去对待；面对有所缺陷的成果，工匠能秉持着精益求精的态度去完善。有价值感，才能有幸福感；有成就感，才能有幸福感；有责任感，才能有幸福感。工匠之所以可以感受到幸福，是因为他们在工作中找到了自己的归宿，实现了自己的价值。

乐于共享有效的经验，最终成为幸福分享家

三人行，必有我师焉。当老师的关键点便是乐于分享、善于分享，有足够的经验和知识可以分享给其他人。在漫长的工作中，每个工匠都有着独特的长处，都在不断积累着属于自己的独特经验。

分享，并非只是将自己的总结和经验传授给他人，而是在分享过程中引起他人的高度共鸣，如果只是简单的信息传递，并不能称之为分享。

其实，很多工匠对分享有一个误区，认为只有获取了成果之后才能进行分享。但其实不然，工作成果固然重要，但相比之下，分享过程和其中的思考显然更有意义和价值。不管在任何时候，工匠都可以分享实际经验。比如在摸索期，工匠可以分享灵感或是想法；在实践期，工匠可以分享探索的方法或是经历；在完成期，工匠可以分享自己的总结或是经验。

通过分享，不管是经验还是教训，都能使自己和其他成员少走弯路，提高工作效率和工作质量。通过分享，可以营造和谐的团队氛围，即使是不同的团队也能相互了解各自的业务。通过分享，可以举一反三，从其他人的想法和问题中获取更多灵感。

工匠的分享，要有计划、有记录，不是张口就来、毫无章法地分享。工匠要有记录工作过程的习惯，方便将来追溯，即使不分享，它也会有价值。通过记录，工匠可以回过头重新审视自己的工作，看到自己的进步或是不足。这样，在分享的时候，也会有足够的素材。

工匠将所掌握和学到的知识进行输出和分享，工作质量并不会因为分享而有所下降。相反，工匠分享得越多，越能促使自己去充电学习，接受新事物。

分享，绝不只是分享成功，也应分享失败和挫折。分享成功固然可以带来成功的快乐，可以催人奋进、激发斗志，但分享失败与挫折，也能有所收获，从失败中吸取教训，从挫折中受益。

分享经验可以使自己和他人尽量少走弯路、做到事半功倍，在以后的工作中可以避免失误。在分享中，工匠不仅能使自己的能力更上一层楼，还能在分享中得到他人的尊重，感受到满足和幸福。

榫卯连接，是我国古代劳动人民在长期劳动中掌握木材的加工特性后独创出的连接方法。榫卯主要是用于将独立、松散的构件紧密结合在一起，使其成为一个符合使用要求、可以达到各种荷载能力的结构体。

榫卯在我国建筑业和装修业有着极为广泛的应用，且历史悠久。早在春秋战国时代，我国匠人在木结构榫卯的应用方面就已经有了足够的经验。而等到北宋崇宁二年，官方颁布了《营造法式》一书，是李诫奉敕编修。李诫在该书中不仅总结分享了相关技术和经验，还规定了较为合理的"绞割"比例和位置。

除此之外，李诫还在书中分享了严格的工料设定，同时还明确规定了装饰与结构的统一、建筑生产管理的严密性和设计的灵活性。在该书的规范和指导下，当时的匠人都有了更为明确的使用标准和建筑方法，使得建筑质量标准都有章可循。该书既保证了建筑设计和施工的顺利进行，还有利于随时质检和竣工验收。

不管是以文字形式分享，还是以谈话形式分享，都是一种共享。分享，往往意味着一种奉献、坚持和坚守，同时也意味着幸福、收获和进步。在工匠分享的过程中，可以帮他人答疑解惑；在分享中，增长见识、砥砺品质，使分享者和被分享者在碰撞中强化各自本领，实现互促共赢。

第三章　做一名幸福工匠 | 175

第四章
经济全球化时代的工匠精神

践行工匠精神不分行业种类，不分企业规模大小，只要内心向往与愿意，并立即行动，工匠精神就已经开始在企业向下扎根，向上生长。中国需要更多具有工匠精神的企业，一起让中国制造、中国服务、中国创意、中国品牌服务全球，造福人类。

工匠精神的时代价值

技是立业之本，道是立身之基。工匠往往既重术又重道，用匠心磨炼高超的职业技能，涵养高尚的道德品质，真正实现"道技合一"的职业追求。

一个受人尊敬的工匠，他的目光必然是专注的，他的内心必然是坚定的，能够在一个领域脚踏实地、潜心钻研，用技术铸造精品。当代技术人才是中国制造、中国建设的关键力量。以质量为生命，以质量为信誉，以最好的质量制造出最好的产品。以工匠精神成就自我，持续磨砺当代专业素质。

不管时代如何发展，科技如何发展，人始终是最基本的生产要素，而工匠精神是永不会被淘汰的。

道技合一，品质赢人心

在我国制造业发展史上，产生过很多享誉世界的工匠大师，比如鲁班、李春、沈括等；也留下很多展现古代工匠们高超技艺的生动故事，比如庖丁解牛、匠石运斧、老汉粘蝉等。从中国哲学角度来看，这些优秀工匠们的实践活动实际上是一种"合乎于道"的行为。他们都拥有一颗匠心，经过长期磨炼技艺、修养德行，达到了"道技合一"的至高境界。

何为"道"？道家以"人法地，地法天，天法道，道法自然"为基本原则。道家之道，是指遵循自然规律，是对于事物规律和本质的认识。《庄子·养生主》中讲述了一个"庖丁解牛"的故事，所谓"臣之所好者，道也，进乎技矣"，就说明庖丁的技艺已经达到了出神入化、道技合一的境界。要达到这种境界，需要工匠坚持自然规律，长年累月进行反复训练，如此便可成为"大匠"。

"道"还有第二层含义，即伦理道德或高尚的道德品质修养，是对人在社会生活中所提出的道德与品行规范的要求。道家认为，道是在承载一切，而德是在昭示道的一切。大道无形，我们往往看不见摸不着，但是可以通过思维意识去感知。德则是道的具体体现，是我们能感知到的一种行为。

道家提出了"以道驭术"的观念，要求技术要与道合一，在发展技术的同时要遵守伦理道德，即"技"要依靠"道"来制约。一旦技术导致社会和自然的破坏，违背了自然规律或伦理道德，就要严格把控技术的使用行为。

所谓"道技合一"，即技术与大道的合一。借庄子之言，"道"与"技"相通，"技通乎天"即变为"道"，"通于天地者，德也……义兼于德，德兼于道，道兼于天"。要想实现这一转变，达到"道技合一"的境界，工匠们必须锤炼一颗匠心，遵循自然规律，提高道德修养，提升技能技艺。

在社会不断发展中，人类逐渐掌握了先进的生产技术，拥有了改造世界的能力。正因为如此，我们才更要遵循客观规律、遵守伦理道德，科学合理地运用技术。例如，中国古人研制出火药后，并非主要把它用于战争，制造威力强大的武器，而是用于制造烟花爆竹，多用于人文活动，这就说明火药技术受到了"道"的制约。

"好于道"则"进于技"。"道技合一"是工匠想要达到的理想境界，也是一个漫长的修炼和学习过程。

于社会而言，技术的发展离不开道德的制约。于工匠而言，技艺和道德兼修是其立身的基础。纵览古今，优秀的工匠皆具有一颗匠心，能够做到"道技合一"。对于新时代工匠而言，"道技合一"仍然具有重要的精神价值和时代内涵。

德艺兼修是中国传统工匠的重要精神品质。"德"是中国传统文化的重要内容，是中国人一生的精神追求，也是中国工匠们的立身之本。新时代工匠在学习新技术、新工艺的同时，更要提升自己的道德修养，坚守职业操守和职业道德，练就一颗匠心，用道德的标准来检验产品品质，打造出更多精品，以匠心赢人心，以品质赢口碑。

以道驭术是工匠精神的本质内核。新时代工匠在运用新技术开展工作时仍然要受到伦理道德规范的制约。"以道驭术"的目的并非阻碍新技术发展，而是为了让新技术在道德的规范下发挥出最大的正向作用，成为真正推动社会发展和进步的重要力量。只有保持"道"与"术"的协调统一，才能维护社会的和谐稳定，创造幸福生活。

道技合一是新时代工匠的精神归宿。随着现代科学技术的发展，传统技艺升级为智能技术，传统工匠和手艺人也慢慢转变为现代工业领域中的新型工匠。新时代对高技能工匠的需求更为迫切，从基础建设到航天工程，从小小芯片到大国重器，中国正在从中国制造向中国创造转变，正在开启高质量发展新征程。国家战略的实现，需要亿万个"道技合一、追求卓越"的高技能工匠。工匠们只有不断锤炼技艺，坚守职业道德，用匠心打造出一项项精品，才能更好地将"中国制造"推向世界，矗立起中国品质的丰碑。

大国工匠的"技艺"是社会发展与进步的基础，深刻影响着社会的发展速度；大国工匠的"德行"是社会和谐与稳定的根源，深刻影响着社会的发展根基。无论什么时代，都离不开"道技合一、追求卓越"的工匠精神。

受人尊敬，工匠铸精品

大国工匠，皆具备高度的责任心，技能技艺十分精湛，他们以匠人之心铸国之精品，充分彰显自己的使命担当和崇高精神。优秀的工匠以品质为生命，以品质赢得声誉，不断打造品质最高的产品，受到人们的尊敬和敬仰。

一个追求品质的新时代已经到来，新时代呼唤"工匠精神"。工匠们敬畏职业、执着追求，对自己的产品精雕细琢、认真负责，立足岗位、脚踏实地、创新创造，在平凡的岗位上演绎着精彩的人生，成为受人尊敬的大国工匠。

一件件精品，都凝聚着工匠的伟大智慧和精湛技艺。他们在工作实践中大力发扬"工匠精神"，将每一项工作、每一件产品做专、做精、做细、做实。

当今时代，技术工人队伍是支撑中国制造和中国创造的重要力量。这些工匠技能超群，以匠人之心，行匠人之事，或打造着大国重器，或奋斗于重点工程，他们就是劳模精神、劳动精神、工匠精神的生动体现。

李峰，是航天科技集团九院的一名铣工。他主要负责打磨火箭"惯性导航组合"中的加速度计。为缩小几微米的加工误差，他心细如发，在高倍显微镜下手工精磨刀具，达到了机械加工技术都难以完成的精度，有力保障了新一代运载火箭和载人航天等重大工程的研制生产任务。在工作中他对自己的产品"吹毛求疵"，在他心里精益求精已经成为一种信仰。

孟剑锋，是北京工美集团的国家高级工艺美术技师，也是一位錾刻高手。在2014年北京APEC会议期间，他受命用厚度仅有0.6毫米的银片制作一份国礼——《和美》纯银丝巾果盘。为使银片呈现出纺织物的纹理图案、柔美的垂落感以及丝光感，他从古錾子上得到启示，在尖部直径只有一毫米的錾子上，一次又一次地开凿、磨平……制出一把新錾子。经过百万次錾击，使这块银片制成的"丝巾"达到了以假乱真的效果。

周东红，是中国宣纸股份有限公司的一位捞纸工。他扎根一线30

余年，每天在纸槽边站立超过12小时，潜心钻研捞纸技艺。他捞的宣纸每100张的重量误差仅为2克左右，厚度均匀，始终保持着成品率100%的记录。他加工的纸也受到韩美林等著名画家的青睐，还成为中国国家画院的"御用画纸"。他秉承匠心，练就精湛技艺的同时，还收徒传授捞纸技艺，使千年宣纸技艺得到传承。

从航天重器到微米发丝，大国工匠创造"中国精度"，领跑"中国速度"。他们用执着坚守铸就民族腾飞的臂膀，将忠诚热爱化为实业报国的力量。

如何成为受人尊敬的工匠？

社会的发展离不开工匠的辛勤付出，优秀的工匠是社会和企业最坚固的基石。

成为受人尊敬的工匠，要修炼一颗匠心。用时间锤炼自己，用匠心成就自己。修炼一颗匠心，要对自己的产品精雕细琢、精益求精，打磨出近乎完美的产品；要保持内心的宁静，以技养身，以心养技；要热爱自己的工作，执着专注。

成为受人尊敬的工匠，要掌握专业技能。一是要善用时间，学习新技术。树立不断学习、终身学习的理念，摒弃闭门造车的做法。二是要坚持精益求精，铸造精品。要以"工匠精神"为引领，铸造精品，做好服务。三是要打破常规思路，勇于改变现状，不断创新技术，创新工作方法。

成为受人尊敬的工匠，要为社会创造价值。工匠要树立一颗责任心，用精湛技术回报社会，奉献自我，为社会创造价值，同时把技能发扬和传承下去，培养出更多有益于社会的创新型人才。工匠为社会创造价值，价值为工匠带来荣耀。

受人敬仰是一件荣耀的事。广大劳动者要实现这一目标，就要用匠心成就自己，不断锤炼现代职业素养，展现出良好的精神风貌和崇高的价值追求，进而成为铸造精品、创造价值、受人尊敬的大国工匠。

永不过时，立精神脊梁

习近平总书记曾在2020年召开的全国劳动模范和先进工作者表彰大会上精辟概括工匠精神的深刻内涵——执着专注、精益求精、一丝不苟、追求卓越。工匠精神是我们宝贵的精神财富，是新时代的精神指引，永远也不会过时。

劳动创造幸福，劳动是人类社会生存和进步的基础。随着社会的不断进步，人们对劳动的要求越来越高，更看重劳动的质量，因此工匠精神的时代价值也越来越凸显。

新时代工匠精神是劳动者在职业实践中精神、道德、能力和品质的综合体现，是劳动者的职业价值取向和行为表现。工匠精神是质量和品质的代名词，是现代社会发展必备的精神品质。

党的十八大以来，习近平总书记多次强调要弘扬工匠精神。党的十九大报告中提出："建设知识型、技能型、创新型劳动者大军，弘扬劳模精神和工匠精神，营造劳动光荣的社会风尚和精益求精的敬业风气。"在新时代大力弘扬工匠精神，在全社会范围内开展劳动创造，对于推动我国高质量发展、实现伟大的奋斗目标具有重要意义。

当前，"中国创造"逐渐成为我国经济社会发展的主旋律，新时代需要"工匠精神"。在新的发展阶段，虽然机械化、智能化必然减少人工使用，但人的智慧将会越来越具备生产价值，成为推动进步和发展的重要因素。工匠们能够集中更多的精力进行研发和创新，发挥智慧价值创造更多精品，不断提高产品品质，进而通过开展品质革命推动产业转型升级。

此外，新时代工匠精神不应仅仅存在于制造业领域，在服务业等其他领域也需要大力培育工匠精神，同时还需将其融入现代生活的方方面面，让全社会形成弘扬工匠精神、努力创新创造的良好氛围。

工匠精神是社会进步不竭的动力，其内涵一直在不断更新，但精神实质永不会过时。正是由于一代代工匠们孜孜不倦、开拓创新，在全社会树立了追赶超越的职业标杆，才激发了全社会追求卓越和品质的浪潮，进而推动了社会的发展和进步。

回望历史，中国的能工巧匠们发扬工匠精神，创造了一个个世界奇迹。蜿蜒的万里长城令人惊叹，精湛的陶瓷技艺巧夺天工，庞大的秦始皇兵马俑气壮山河……这些中国制造的高品质产品惊艳了世界，成为东方文明的象征，是我国工匠精神的显著体现。正是工匠精神书写了我国辉煌的历史，撑起大国脊梁。

近代社会，若不求进步，必然被超越。中华民族从领先世界到落后挨打的过程，也是一个逐渐抛弃工匠精神的过程。要想摆脱列强试图对中国进行的封锁和打压，实现中华民族的崛起和复兴，就要依靠工匠精神的助力，以强大的国力抵御外侮，赢得世界的尊重。

当今时代，工匠精神是助力中国迈向制造强国的精神力量，更是实现国家富强、民族振兴、人民幸福的一块基石。正是那些勇于担当、创新创造的大国工匠，通过大力发扬工匠精神，推动了历史的进步和社会的发展，开辟了崭新的未来。

面向未来，智能化发展将逐渐成为主流。在未来行业加速变革的新战场，工匠精神将被赋予更多新内核，也对工匠提出了新要求。一群"拼技术、拼智慧、重研发"的"新工匠"更能脱颖而出。未来，这些掌握创新科技的新匠人，将撑起中国制造的脊梁。

十九大报告在展望未来中国经济发展时提出，要把提高供给体系质量作为主攻方向。中国制造的高品质产品正不断满足人们对美好生活的需要。各行各业的中国工匠，正在挺起大国脊梁，彰显中国力量。

习近平总书记致首届大国工匠创新交流大会的贺信中讲道，技术工人队伍是支撑中国制造、中国创造的重要力量。我国工人阶级和广大劳动群众要大力弘扬劳模精神、劳动精神、工匠精神。尽管每个人所在岗位不同，但是无论身处什么岗位，都要积极弘扬工匠精神，脚踏实地，为全面建设社会主义现代化国家贡献智慧和力量。

世界各国的工匠精神及传承

取得的成就与背后起支撑作用的精神理念密不可分，特别是以精益求精为核心的工匠精神承载着世界各国传统文化的特色。

中国工匠对每件产品、每个环节都一丝不苟、精益求精、追求极致，一代代工匠在传承与发展中勤奋努力，构筑匠心之梦；在信息丰富、多元的时代，美国解放思想，敢闯、敢创、追求极致，积极探索新路径、新方法，引领行业与时代的发展；"德国制造"之所以享誉世界，与德国人专注、严谨的工匠精神息息相关，他们坚持专于一事、谨慎不苟，创造出世界制造业神话；数百年来，英国萨维尔街的裁缝坚持追求极致、精益求精、力求完美的工匠精神，被誉为世界服装的工艺典范；瑞士制表匠的坚定执着，正如制作一块由数百个零件精心组成的机械手表那样从一而终；全身心投入，坚持不懈、精益求精，这是日本工匠精神的主要内涵，也是日本工匠成功的秘诀。

中国：勤奋认真，匠心传承展现大国担当

在千年的历史长河中，勤奋认真的精神品质早已深藏在中国人的基因中，代代相传、生生不息。中国工匠秉持匠心，勤奋努力、脚踏实地，成为各个行业领域的专家，用匠心展现出大国工匠的精神品质。

中国桥在平地上架起，中国路在地面上铺就，中国港在海口处建起，这些都在"中国梦"的画卷上留下了浓墨重彩的一笔，将过去美好的设想变为触手可及的现实。中国卫星、中国超算、中国航天……中国正一步步从"中国制造"蜕变为"中国智造"，从国外引进到国内自创，每一步迈出的背后，每一张大国名片的背后，是一名名"大国工匠"，是一份份坚韧不拔的工匠精神。

工匠精神，是人们在长期生产活动中所形成的职业素养和专业品质，是我国五千年历史文化所沉淀出的优秀产物。无数大国工匠勤奋、认真，对产品精雕细琢，对技艺精益求精，在尽心竭力的过程中，具备了历久弥新的工匠精神。

工匠精神，是勤奋认真、吃苦耐劳的职业操守，是不懈努力、永不言弃的职业素养，是突破自我、追求卓越的职业能力。在工匠精神的指引和鞭策下，我国匠人始终有方向、有目标、有追求，在奋进的过程中，凝心聚力，逐梦而行。

勤奋认真，是中国匠人对每件产品、每个环节都一丝不苟、精益求精、追求极致，这就是我国匠人所具备的独特精神，也是大国工匠追求突破、追求革新的精神内蕴。

怀匠心、铸匠魂、守匠情和践匠行是具备工匠精神的重要内涵。怀匠心，是工匠精神的首要条件，如果没有匠心，那么就只剩下虚有其表的操作。铸匠魂，是工匠精神的统领和根本，匠人有了匠魂，才能行之久远，砥砺前行。守匠情，是坚守工匠情怀，也是坚守自身的价值取向和职业态度。践匠行，是不断完善和更新技艺，在正确职业态度的引领下，锻造工匠精神，并传承下去。

工匠精神不仅是匠人对自身技艺的提升，也是对自身品格的完善。在工匠精神的引导下，我国匠人将职业转变为事业，醉心于事业，挑战每一次不可能，将不可能变为可能，创造出一次又一次的奇迹。

凯歌奋进，扬帆远航。在新时代，每一位劳动者都是主人公，他们需要工匠精神的指引，并成为工匠精神的身体力行者。最终，让工匠精神成为每一位劳动者的精神标杆，不断谱写新征程的奋斗史。

2022年11月1日，随着梦天实验舱与天和核心舱、问天实验舱在太空紧紧相拥，中国空间站在轨建造阶段的最后一个舱段完成。中国空间站将匠心独具的总体设计杰作留在了无垠太空中。

建造"太空家园"初期，我国空间技术经过数十年的工程实践，积累了大量经验，也已经形成了一套完整的系统工程方法。但即使如此，我国也依然被国际空间站拒之门外，面临着技术封锁、关键器部件禁运等重重阻碍。面对这一连串的阻碍，航天科技集团五院作为我国空间技术的总体院、空间站系统的抓总设计研制单位，发挥着举足轻重的作用。

五院总体设计团队坚定走科技自立自强之路，在多年前便已经开始布局，打造了宇航智造工程空间站示范项目，打通了研制过程全周期、全三维的模型数字化流程，开辟了新型数字化研制模式，直接将研制周期缩短了30%。

面对系统可靠性的难题，五院坚持以高质量、高效率和高效益全面发展的方式开展总体设计，每个人都潜心于此。最终，在全体人员的勤奋认真和不懈努力下，创立了在轨航天器安全性、可靠性、维修性"三性融合"的综合工作体系。

凭借着团队成员的勤奋认真，五院创造性提出了"利用舱段交会对接和转位机械臂进行平面转位、研制大型组合机械臂并与航天员协同进行舱外大型设施构建"方案。该方案彰显出了中国特色，也体现了我国匠人的匠心独运。

多年来，五院始终以勤奋认真、追求卓越的匠心对待工作，多方团队协作，以匠心铸品质，以匠行促发展，以匠魂致未来，攻克了一系列技术难题，创造了一个又一个中国奇迹。

从"嫦娥"奔月到"祝融"探火，从"北斗"组网到"奋斗者"深潜，这一系列的科技成就，都是大国重器的代表。这些大国重器的背后，离不开大国工匠的勤奋认真、不懈努力。

勇担时代责任，感悟工匠精神。我国匠人凭借着数十年如一日的勤奋认真，以众人之力托起"中国梦"，一代传一代，传递匠心，将时代的精彩流传，将大国的匠心传播。

美国：极致创新，高端制造引领世界工业

美国可以说是高端制造业创新强国，全球化工、军工、计算机、芯片等领域的制造技术很多都在美国的掌控之中，我们所熟知的英特尔公司、通用电气公司、苹果公司、思科系统公司等众多的创新型制造业企业皆诞生于美国。

另外，美国工业生产实力雄厚，各大资源丰富，在生物工程技术、激光技术、宇航技术、微电子工业技术，以及核心材料研制与开发等方面始终处于领先地位。

美国之所以能够在短短百年间，从一个农业国发展为高端制造业强国，很大程度上取决于其对科学技术和创新的重视。创新是美国经济的核心，也是美国工匠精神的根源。

优秀的工匠需要具备自由创造的意识，能够敏锐捕捉到社会新的生长点。美国多元的移民文化与倡导自由主义的思想观念，使得美国人形成了自由发散的思维，大胆创新，逐渐形成以自由与创新为核心的工匠精神与美国文化。正如美国作家亚力克·福奇在《工匠精神：缔造伟大传奇的重要力量》中阐述的:"突破界限是美国工匠精神的内在本质。"新思想与新思维方式是美国发展的引擎。

康奈尔大学经济学家巴卡拉克对美国工匠的评述是:"漫无目的的疯子,最后却影响着世人。"如果我们回顾美国的技术创新史,可以发现一个事实,即美国的开国功勋们,对国家最有影响力的人,都曾以工匠的身份创新创造,推动美国的发展。例如,本杰明·富兰克林的壁炉、避雷针,乔治·华盛顿的水利工程,托马斯·杰斐逊的坡地犁,詹姆斯·麦迪逊的内置显微镜手杖……

本杰明·富兰克林是美国最具影响力的政治家、发明家,是美国开国元勋之一,却也是美国著名的大国工匠。他没有接受过训练,也没有扎实的理论知识基础,但他却独立完成了著名的电力试验,并发明了避雷针。乔治·华盛顿,美国第一任总统,一直将自己当成一名农夫。作家保罗·利兰·霍沃思曾写道:"他是美国最先开展农场试验的农业工作者之一,他永远留意更好的方法,为了发现更好的肥料、最好的避免作物病虫害的方式、最好的培育方法,他愿意倾其所有。"托马斯·杰斐逊,美国第三任总统,因喜爱法国的通心面,发明创造了一种通心面压榨机,并自己编写了一本通心面食谱,将这种面食推广到了美国国民的餐桌上。

美国工匠精神的核心体现在勇于创新上。美国的工匠群体敢于突破陈规,他们富有激情与创造力,充满好奇心,想要凭借自己的兴趣与意志去改变世界。综合创新地解决问题,成为美国工匠精神鲜明的品质。

美国人具有较强的创新创造精神,企业创新能力强,技术创新成果不断涌现,从而大大提升了美国整体的创新实力。创新推动美国在制造业,尤其是高端制造业方面迅速崛起,成为世界制造业强国。一如美国可以制造出先进的芯片,芯片的设计制造需要超强的创新能力,美国极致创新的工匠精神恰恰使得其在芯片制造领域保持领先。

众所周知，英特尔是美国乃至全球半导体行业和计算创新领域的重要企业，作为高端制造业的代表之一，英特尔在创新创造方面有着非凡的技术与能力。一直处于高端制造行业创新前沿的英特尔，在第二届英特尔 On 技术创新峰会上表示，未来十年，将会持续加码创新，展现"芯"实力，推动开放标准以使"芯片系统"在硅层面成为可能，到实现高效、可以移植的多架构人工智能。

2021 年 3 月，英特尔 CEO 帕特·基辛格宣布了 IDM 2.0 战略，其中关键的一项举措就是重启晶圆代工业务，即面向大规模制造的全球化内部工厂网络、扩大采用第三方代工产能以及打造世界一流的代工业务——英特尔代工服务（IFS）。英特尔代工服务（IFS）将迎来"系统级代工"的时代，英特尔的重心将从系统芯片转移到封装中的系统。"系统级代工"有四个组成部分：晶圆制造；封装；软件；开放的芯粒生态系统。"曾经被认为不可能实现的创新已经为芯片制造带来了全新可能。"帕特·基辛格表示。

此外，英特尔还在峰会上展示了正在开发的一项创新，即在可插拔式光电共封装解决方案上的突破。光互连有望让芯片间的带宽达到更高水平，为未来新的系统和芯片封装架构开启了全新可能。

从开国功勋到高端制造企业，我们可以看出，美国的创新文化，成就了美国在世界工业领域的领先地位。创新精神是美国工匠精神的根源，在新的工业革命浪潮中，极致创新的工匠精神为美国重振制造业带来了竞争优势。

德国：专注严谨，职业精神成就德国制造

"Made in Germany（德国制造）"很多时候是高品质的代名词，奔驰、宝马、奥迪、大众和西门子等世界知名品牌，深受世界各国人的认可和信赖。据统计，土生土长于德国的世界名牌有 2300 多个。

那么，仅仅有 8000 多万人口的德国，为何能打造出 800 多家百年老店，以及 2300 多个世界名牌？

这主要得益于德国工匠所具备的专注、严谨的工匠精神。他们往往具备超高的技术水平，坚守严苛的质量标准，在工作时极其投入，追求品质和细节，对每个生产细节都进行严格把控，以严谨负责的态度对待每一件产品。

正是由于这种专注、严谨的工匠精神，德国工匠才创造出众多高品质的产品，赋予"德国制造"耐用、安全、可靠和精确的特点和性能，推动"德国制造"走向世界。

德国除了那些国际知名品牌之外，还有上百万家中小企业。无论从事哪一行业，身处什么位置，它们都"术业有专攻"，一心扎根于自己的专业领域，潜心深耕，不断提升专业水准，积累专业优势，在行业中逐渐成为佼佼者。

德国制造业企业大部分都眼光长远，短期内的行业环境变化，不会影响它们的产品战略，而是仍会持续专注于自身的产品。它们往往会坚持几十年甚至几百年专注于一个产品及领域，力争把产品品质做到最好、最强。

比如，创建于 1853 年的 WMF 品牌，100 多年来专注于生产厨房用具，如餐具、锅具、刀具等，品种超过上万种，一直是全球各国高档餐厅的主要选择对象。伍尔特集团自 1945 年成立以来专注于装配和紧固件领域，几十年来，企业匠人们坚持精雕细琢，将这一领域的产品做成无可替代的精品。

很多德国匠人一生只做一件事、只创一次业，他们往往花很大的时间和精力去打造一件精品，甚至子承父业、世代相传。他们身上都具有"职人气质"，专注于自己的职业，热爱自己的工作，追求极致和完美。

调查显示，德国人的工作时长短，每年休息天数达到了 150 多天，每天工作时长仅 5 个多小时，但是他们却能够在要求的工作时间内高效完成任务，甚至创造出更高的价值。这就是因为他们在工作时非常专注，因此工作效率非常高。德国人会将工作和生活完全分开，上班时间就专注工作，不会分心做其他事，下班时间就好好休息，不会把工作带回家里去，每天都规律地上下班。

在德国，无论是高级工程师还是普通技工，他们都专注于自己的行业领域，把更多的精力放在自己的本职工作上，因此每个人都练就了一手绝活。无论在哪个国家，"专注精神"都是一位匠人和一个企业必须具备的精神品质。

德国人做事非常严谨，正是由于这种严谨的态度，他们对待工作非常认真，对于产品质量的把控非常严格。

他们在工作时严谨、规范、一丝不苟，规定螺丝需要拧五圈，他们绝不会拧四圈半。德国制造的口碑，就在于德国匠人对每一个细节都有极为苛刻的要求，"即使做一颗螺丝钉也要做到最好"。

严谨的德国人非常信奉"标准主义"。他们在生活中就十分遵守标准，比如对烹饪佐料添加量和垃圾分类规范等都有明确规定。在制造业上更是如此。

为保障产品质量，德国建立了一整套完备的行业标准，成立了"德国标准化学会"。该"学会"共制定了三万多项行业标准，涵盖了机械、化工和汽车等所有产业门类，大部分已被全球各国企业所采用。这些行业标准构成了"德国制造"的基础。

德国还构建了质量管理认证体系，对产品材料、产品规格、生产流程、生产工序等都进行严格管控。在严格的质量管控下，德国从大型机械制造到生产电气设备、日常用品，都秉持"但求最好，不怕最贵"原则，严把产品质量，把每一个产品都做成精品。

德国工匠对每一件产品和每一道生产工序都非常严谨认真。他们在生产一件产品时，考虑更多的并非一些利益因素，而是全身心投入进去，严格遵守规范和标准，打造出近乎完美的高质量产品。

德国专注、严谨的工匠精神是伴随着德国制造业和职业教育发展而形成的。如今在德国，工匠精神作为一种职业精神，不仅仅体现在工匠群体中，而是涵盖几乎所有的职业领域，体现在德国整个工业发展中。

德国的从业者往往都具有较高的职业素养，具备专注、严谨的工匠精神，这主要得益于德国采用的"双元制"职业教育体系。所谓"双元制"，即让年轻人能在学校和企业两个地方同时受到教育，实现育人与用人的完美融合。

在这种职业教育体系下，学校只是起到辅助作用，德国学生只需花费30%的时间在学校学习必须掌握的理论知识，剩余时间则在企业中实践锻炼，获取工作所需的实操技能。德国职业教育的基本理念和基本精神是：质量永远是第一位的，工作时要一丝不苟、严谨负责，严格按照操作规程办事，要完全摒弃"差不多"的想法。德国的企业管理者非常重视产品质量，他们会在学生进行企业实践时传达这种基本理念和精神。

德国职业教育以培育工匠精神为主要目标，涵盖了大多数职业岗位，为德国各行各业培养了一大批高素质技能人才，推动了德国经济的发展。

这种理论学习和实践技能同时培养的职业教育体系，被视为德国经济发展的"秘密武器"，不仅是德国培育"工匠精神"的沃土，也是"德国制造"的基石。

如今，"德国制造"之所以能够成为高品质的代表，得到世界上很多国家的认可，主要就源于德国人专注、严谨的工匠精神。德国人在工作时一丝不苟、追求极致、坚守标准，摒弃了"实现利润最大化"的英美主流观念，更多的是专注于产品本身，赋予产品灵魂和价值。

英国：力求完美，铸就萨维尔街工艺典范

每座悠久的城市都有自己的故事，每座城市的文明镌刻在古老街道的一砖一瓦中。萨维尔街——英国伦敦市中心的一条长达 300 米的街道，记录着英国西装手工艺的崛起与繁荣，见证了力求完美、大道至简、匠心至繁的初心坚守。

全球有不少的知名西装品牌，而英国伦敦的萨维尔街，以传统的男士定制服装而闻名于世，这条短短的街道汇聚了英国乃至世界的顶尖裁缝，被誉为"量身定制的黄金地段"。因此，身穿这条街出品的定制服装成为世界各国名流财富与身份的象征，拿破仑三世、英国前首相温斯顿·丘吉尔、英国国王查尔斯三世都曾踏足这条街道。

走进萨维尔街，会给人一种恍若隔世的感觉，仿佛穿越了时光与空间，走进了一个古老而神秘的世界。站在这条并不宽敞的街道上，入目的是一家挨着一家的裁缝老店，景象萧条，与几步之外时尚、喧闹，人潮涌动的皮卡迪利大街形成鲜明的对比。而真正了解这条街道历史的人，会明白这条街道才是伦敦这座城市时尚的脉搏所在，这里低调而又奢华。

街道两边展示着精致的成衣，明亮干净的大落地窗后是一排排的橱柜，上面整齐地陈列着各式的纽扣与色彩鲜明的领带。在萨维尔街的最北端，一家名叫 Welsh&Jefferies（韦尔什 & 杰弗里斯）的店里，一位中国女裁缝正在工作台前裁剪衣料。

全英梅是这家裁缝店的合作人，也是萨维尔街上第一个中国女裁缝。Welsh&Jefferies 的店里只做全定制西装，这也是萨维尔街的精髓所在，从量身到选布料再到制版、试身、完工，顾客可以体验到全方位的服务。"我们店只有 15 个裁缝，量产势必影响西装质量。"全英梅说，"我们绝不会为追求扩大盈利，而让这家店的百年口碑和声誉受到一丝影响。"

了解顾客需求是定制西装的第一步，包括顾客喜好、穿着场合等。"通过短短十多分钟的交流，我们要迅速在十几万种布料中选出十多种布料供顾客挑选。"全英梅说，"为了量体裁衣，裁缝们需要测量 50 多处地方，记录顾客的身高、肌肉形状、体型等细节。半成品完成后，裁缝会邀请顾客进行多次试穿，进行微调。"她还说，全定制西装最基本的标准是不能在衣服外部看到车线，扣眼周围的线均为手工缝制。此外，西装的扣子用料非常考究，往往选用贝母扣、牛角扣等。

在全英梅看来，真正的工匠精神，除了要有匠人的精湛手艺，更要有一颗真诚对待客户的心。

Welsh&Jefferies 裁缝店可以说是萨维尔街的一个缩影，在这条街道上，无论哪一家沿街店铺里，都有一丝不苟正在剪裁或缝制的师傅和学徒。他们手中拿着皮尺与剪刀，伏案而制，一切都那样沉静，带着旧时光独特的韵味。对于他们而言，这不仅仅是一份工作，更是一份传承，神圣而又庄严，他们裁剪的不仅仅是一件衣服，更是百年来萨维尔街匠人的坚守与虔诚。

英国媒体曾评论认为，"来自萨维尔街，已成为工艺超群、质量卓越、精益求精的另一种表达"。

在萨维尔街，推开任何一扇狭窄的木门进去，都会有殷勤的店伙计走过来仔细询问你的需求：西服是准备在什么场合穿？面料选羊毛、丝绸还是花呢？面料的花纹喜欢格子还是纯色？一切的一切都带着沉稳、庄重与崇高。

与其他定制裁缝店不同的是，萨维尔街的高级定制可以让顾客拥有世界上独一无二的西服，即一人一版，每位顾客的西服都不尽相同。这是因为裁缝会根据顾客的体形裁剪出一个版型，至少需要对顾客进行 3 次的全身尺寸测量，测量肩、腰等 30 多处身体部位的尺寸，记录身高、肩宽、轴长、体形等细节以制作纸样。半成品完成后，还需要顾客多次试穿，裁缝根据不足之处进行微调。可以说，全定制西装，95% 的部分都是靠裁缝手工完成，他们秉承匠心，用双手裁制出一件件顶级服装，这使得其比任何一件机器制作的西装都更加细腻精致。而这也是萨维尔街裁缝被人敬仰的原因所在。

在细节方面，全定制西装全部采用的是手工锁的扣眼，有经验的老裁缝手工锁的扣眼远比机器锁的扣眼更加立体、美观。纽扣的材质几乎都是牛角扣，或者其他某种动物的角磨制而成，这是一种品质的象征。

在萨维尔街，一名普通的裁缝要想立足，先要做 3~5 年的学徒，成为高级裁缝则需要 10 年的时间，而要成为大师级的人物，需要一生的时间。也就是说，他们在用一生做一件事，这是工匠精神的根本，也是萨维尔街裁缝店历经百年，没有受到现代化产业的冲击而逐渐凋零，依旧傲然于世的原因。

萨维尔街的精工工艺成为一种品牌烙印，正是匠人裁缝们共同的努力造就了萨维尔街的百年历史和隽永风格，萨维尔街早已不只是一条普通的街道，它更是一种精神，一种象征，是一代又一代的裁缝赓续百年工匠精神，铸造的文明符号。

瑞士：坚定执着，制表技艺演绎世界奇观

瑞士，国内遍布着山林，水力资源丰富，而矿产和重工业却占比极低。但即使如此，瑞士却凭借着制表行业发展，成为欧洲甚至是全球最富有的国家之一。究其原因，是因为瑞士人对制表技艺有着一颗坚定且执着、始终追求品质的心。

提起瑞士，大部分人第一时间想到的就是制表技艺。它之所以可以凭借制表享誉世界，是因为瑞士的每一位制表匠对细小零部件加工都保持着精益求精的态度，决不允许产品有一点瑕疵，他们始终坚持用匠心打磨产品，并将这种工匠精神植根于瑞士钟表行业中。

钟表制造业是瑞士的传统产业，也是最为重要的产业之一。在世界钟表业数百年的发展史中，瑞士制表技艺曾在世界大放异彩，也曾一落千丈、跌落谷底。但是，在制表匠人坚定执着、不轻言失败的努力下，瑞士始终将"钟表王国"的荣誉紧紧握在手中。

钟表制造业最早出现在16世纪中叶的瑞士日内瓦，发展到工业革命时期，钟表行业已经成为最精密的手工行业。"二战"爆发之后，全世界90%的手工钟表来自自然资源匮乏的瑞士。

19世纪中叶至20世纪初是瑞士高档钟表业最为耀眼的时代，萧邦、伯爵、百达翡丽、江诗丹顿、名士、劳力士等一批耀眼的品牌成为瑞士高档钟表生产的主力军。当指针指向20世纪70年代，日本凭借着轻便、便宜的石英手表在钟表行业占得了一席之地，瑞士传统钟表业也迈入了"寒冬期"，其产量在全球的比例从45%陡降至15%。这一数据的变化，对瑞士来说，无疑是一场灭顶之灾，上千家手表厂轰然倒闭，几乎所有人都认定瑞士手表已然走到末路，无力回天。

时代可以抛弃任何产品，但却无法抛弃坚定执着的精神。面对发展低谷，瑞士抗住压力，用坚定执着、不言失败的精神，开发出诸多极其复杂的工艺，比如升级版的陀飞轮。该技术是世界钟表史上公认的最伟大发明之一，它由72个精细零部件组成，但重量却控制0.3克内，最令人惊喜的是，它最大程度上避免了地球引力对钟表的影响，也降低了重力对走时精确度的影响。其他令人津津乐道的还有卡罗素、万年历、月相、两地时和中华年历表等。在经历了二十多年的转型升级后，瑞士钟表业再次迎来了属于自己的辉煌时代。

瑞士制表匠的坚定执着，正如制作一块由数百个零件精心组成的机械手表那样从一而终、精雕细琢。每一块顶级手表的零件，即使是细小不已的零件，都是由他们手工打磨而成的。在他们眼中，只有对工艺从一而终、坚定执着，才能做出值得传世的顶级钟表产品。

1560年，瑞士钟表匠布克曾经说过："一个钟表匠在不满和愤懑中，要想圆满地完成制作钟表的1200道工序，是不可能的；在对抗和憎恨中，要精确地磨锉出一块钟表所需要的254个零件，更是比登天还难。"正如他所说，制表匠的工作是烦琐且乏味的，花一整天甚至是更长时间去打磨一个零件是极为常见的事情，如果没有一种坚定执着的精神和心态，是无法完成的。

瑞士制表匠用坚硬的钢铁材料锻造出世界上最精密、最精细的钟表。瑞士制表匠拒绝"三心二意"，在他们眼中，只有对制造的一丝不苟，对质量的精益求精，对产品的精雕细琢，始终将目光牢牢放在"升级"上，靠着众多制表匠的坚定执着，最终在"欧洲屋脊"上将瑞士钟表产品发扬光大。

精益求精是坚定执着的必然结果。在瑞士和法国的交界处有一个山谷，一到冬季遇大雪就会封山，在这种恶劣的天气下，制表匠会将自己关在这个"与世隔绝"的地方，一心提升和钻研制表技艺。这种多年养成的习惯最终演变为一种精神，就是他们对每一个零件、每一道工序都极为细致，绝不会受外界干扰，一心埋头钻研的瑞士工匠精神。

这种工匠精神支撑着瑞士制表匠攻克一个又一个难题，造就一个又一个钟表传奇。比如，制表匠要在小小的表壳和表盘上采用刻花、雕花和抛光等工艺，甚至有时候还要在极为脆弱的机芯上雕刻出精致的造型。上百年的制表历史证明了，制表匠不是简单机械地重复工作，而是对事业的追求、对品质的执着、对技艺的坚定。

瑞士之所以可以被称为"钟表王国"并有着不可替代的地位，正是因为瑞士制表匠所秉承的坚定执着的精神，这既帮助他们创造了无数商机，更创造了世界奇迹。

对瑞士制表匠而言，"只有更好，没有最好"不是一句空洞的标语，而是他们始终践行的目标；"坚定执着"不是一句泛泛的口号，而是他们始终努力的方向。他们不断提升制表技艺，在精益求精、精雕细琢的道路上不断前行。

日本：精益求精，传统制刀技艺传承千年

工匠精神是全世界人类共有的职业文化，但受到不同国家、不同文化、不同发展程度等诸多因素的影响，各国的工匠精神都有其独特之处。在日本，工匠精神主要表现为精益求精的精神，这是一种不可或缺的社会文化，为其发展提供了有力支持。

日本的工匠精神，主要是指日本匠人特有的精益求精、极其认真的工作精神，这种精神在日本代代相传，一直流传至今。日本工匠在进入工作后，通常都需要一个"师父"来带他们熟悉环境、了解工作。师父不仅会告知徒弟工作内容，还会教会徒弟工作技巧，更会培养徒弟的工匠精神。

日本的工匠精神可以用"守、破、离"来概括其主要核心。"守、破、离"，最初多出现于日本的茶道和剑道中，后来才慢慢推广到各个行业。

"守"是指徒弟从师父身上学手艺时，要严格遵守师父的指示去做，即使是最简单、最基本的内容也要做到位。徒弟始终遵守工作制度和谨记师父教诲，长期重复同一工作内容，夯实基本功。

"破"是指徒弟夯实基本功之后，再结合自己平时实际工作中所积累出的经验，不断提升自身专业能力和综合素养，逐渐突破陈旧的方式方法。

"离"是指徒弟在经过持续磨炼、不断实验的过程后，脱离原本陈旧的固有形式，在工作中体现出自己工作的独特性，久而久之，形成自己特有的风格。

在"守、破、离"的指导下，一方面，日本工匠对待生产认真细致，对产品质量精益求精，对产品流程极为严苛，从而确保产品的高质量、高水准；另一方面，日本工匠一直都是通过"师徒"制来传承生产工艺，在传承过程中不断提升产品质量和自身能力。

在精益求精的要求下，日本工匠一心专注生产，不受外界影响和干扰。

日本工匠对工作的坚持是极为执着的，对职业有着高度信仰和坚定信念。也正是凭借着这种信仰和信念，日本工匠才能在枯燥、乏味、单一的工作中坚持技艺，并精益求精，最终形成独属于日本的工匠精神。

无论面对多大的诱惑，日本工匠始终坚持自己的事业，全身心投入，并坚持不懈、精益求精，这正是日本工匠成功的秘诀，也是日本独有的工匠精神。

5世纪左右，日本堺市有很多古坟，为建造这些古坟，日本制刀人开始制造工具，从而奠定了日本发展冶炼技术的基础。到16世纪末叶，葡萄牙的烟叶传入日本，需要使用专业切烟叶的刀，而堺市也开始制造专业的刀具，这也促使堺市发展起刀具制造业。发展到江户时代，堺市刀具已经足够锋利，被幕府授予"堺极"的印鉴，并作为专卖品卖往全国。

堺市菜刀是如何做到备受大众喜爱的？

堺市菜刀是由很多企业分工制造的，有的企业负责将金属加热使其变软，用锤子将其敲打成菜刀的形状；有的企业负责将已成型的菜刀研磨切割；有的企业负责用合适的木料制造刀把。虽然会经由多家企业制造，但堺市菜刀的质量依然不会受其影响，有所下降。

经过多年的技术传承，堺市制刀人不仅继承了古代冶炼技术，还对其进行了新时代的创新和精益。堺市菜刀由刚柔的底铁和坚硬的钢构成双重结构，并对其进行2000℃的焦炭加热，使这两者可以重叠贴合。

在锻造工序中，如何精准设定和控制炉子温度是极难把握的，若是温度过高，则刀刃容易缺口，若是温度过低，则容易造成底铁与钢结合不良。所以，在锻造过程中，工匠必须时刻关注炉子的温度变化，察看烧得通红的铁块，及时调整炉子温度。这看似简单的工作，却对工匠能力有着极高的要求，只有追求精益求精的工匠，才能锻造出越来越好的刀具。

刀刃研磨工序十分考验工匠的手艺。菜刀在研磨工序中，决不能出现翘曲。若在锻造工序中就出现了翘曲现象，则需要在研磨工序中用大小锤子将其敲平，并磨出足够锋利的刀刃，这是生产刀具过程中极为重要的环节。

在完成锻造和研磨工序后，菜刀则进入了最后的装把工序。工匠需要将刀插入刀把的孔中，用木槌使劲敲打进行固定。但若是敲打过重，刀把便会断裂，而如何把握敲打深度，则需要工匠通过声音来进行判断，不同的深度都会产生不同的声音。所以，这一环节对工匠也有着极高的技术要求。

日本工匠不管在哪道工序中都始终秉持着精益求精的态度，始终做到下一把刀比上一把刀更好。正是精益求精的工匠精神，使得日本工匠可以制造出得到顾客高度评价的刀具；正是因为精益求精的工匠精神，使得日本工匠可以将制刀技艺传承千年。

经济全球化时代的工匠精神,让人类共享幸福美好生活

工匠们所做的一切努力,都是在促进世界的进步

不管是在传统制造还是现代智能制造中,工匠在制造业一直占据着骨干地位。在新时期,我们要大力提倡执着专注、精益求精、一丝不苟的工匠精神,既有利于打造重知识、善技能的队伍以及创新型产业大军,更能为高质量发展目标的实现提供重要的精神动力。

"工匠精神是一种努力将99%提高到99.99%的极致精神。"中国人民大学劳动人事学院人力资源管理系教授林新奇说,"哪怕再小的细节,也要全神贯注、全力以赴,只为打造极致的产品和体验。"

《考工记解》中提道:"周人尚文采,古虽有车,至周而愈精,故一器而工聚焉。如陶器亦自古有之。舜防时,已陶渔矣,必至虞时,瓦器愈精好也。"体现了中国古代能工巧匠对技艺精进不断求索的精神品格。我们这个历史悠久、文化灿烂、物华天宝的东方大国有许多这样的工匠和他们创造出的精美绝伦的器物。追溯中国历史,追求专注和极致,工匠精神由来已久,解牛之庖丁、削木之梓庆、操舟若神的津人……庄子"与物同化"匠人,便已经表现出了专注守心、物我两忘的精神,执着技艺的风骨与精神境界。到了明代,"精艺而能道"成为匠人所坚守的最高境界。之后,这一境界和风

骨各自演变成为景德镇几千年不灭的窑火、不需要一钉榫卯的"天衣无缝"、华服冠绝的刺绣……悄悄地融入了千秋万代，历久弥新。

工匠精神在我国优秀传统文化中占有重要地位，是一笔宝贵的财富。作为一种职业精神，工匠精神与我国古代社会的政治、经济以及人们的生活息息相关。回首过去，许多具有工匠精神的历史人物，用匠心成就了一个个"国之重器"。

> 建造都江堰的李冰，是一位典型的大工匠。他一生为国家在修造水利、兴修桥梁等方面作出了重大贡献，主持修建的都江堰被誉为"世界奇迹"。成都平原是先秦时代水旱灾害非常严重的地区。当时人们为了减轻水灾带来的损失，就开始修筑水利设施来抵御洪水。战国时期秦国蜀郡太守李冰"凿离堆以避害岷江"，率众兴建都江堰，这是一项千古不朽的水利工程。它既是当时人们对水利事业的巨大贡献，也是古代劳动人民智慧的结晶。不但水患得以顺利排除，农业上灌溉问题也得到解决，成都平原自此成为举世闻名的"天府之国"。这一过程布局巧妙，"工匠精神"发挥了重要作用。

历经两千余年沿用至今经久不衰的都江堰水利工程，形象地说明工匠精神从古至今都是"中国气质"不可分割的一部分，是中华文化、中华精神、民族创造力的自然反映。

匠心永远不拘泥于此，每个在各自岗位上都做到最好的劳动者，皆有其匠心之道：择事而终老，以不息为本体，日新是大道。深耕各行业的大国工匠，既是中国梦的受益者，更是中国梦的实现者。正是因为拥有了各行各业默默耕耘的工匠，我们圆梦之路才会走得自信而坦然。

当今世界正经历百年未有之大变局，很多的困难与挑战难以避免。大力提倡执着专注的工匠精神，用优秀的工匠故事来鼓舞人们，持久地关注工作始终保持干事创业的定力与韧性。工匠精神是时代的最强音，更是企业可持续发展的动力之源。大家在工作上、事业上锲而不舍所产生的巨大合力，势必托举各行业不断发展，最终凝聚成推动高质量发展的磅礴力量。

执着专注是对于事业从心灵深处所产生的重视和执着，就是实现个人发展与人生价值的定力，更是各行各业厚积薄发、获得持久发展的重要保证。对于事业而言，要有坚定而顽强的意志。不管从事何种职业都要能坚守理想与抱负，对于事业始终保持着数十年如一日、不怕苦不怕累的激情与执着，甘坐冷板凳，最终达到既定目标，取得优异成绩甚至能够达到别人认为很难达到的境界。

精益求精就是对品质的永无止境的追求。服务没有止境、付出永无止境，在追求完美工作态度下肯下苦功，强调慢工出细活持续推出更加优质的产品与服务。在管理中精益求精也被视为一种理念、一种境界，更是一项长期而艰巨的任务，需要全体员工坚持不懈地努力才能完成。精益求精体现了一种生活态度、一种人生哲学。实践精益求精的工匠精神，各行业劳动者要致力自我提升，严谨认真、力求完美，持续提升自己的专业能力，争当合格建设者助推高质量发展。

在新时代下，我们必须把工匠精神作为一种职业操守来传承和弘扬，为国家经济建设作出自己应有的贡献。作为一名社会主义事业建设者，每个人都不可以在工作中有半点的松懈。俗话说"差之毫厘，谬以千里"，小疏忽很可能造成重大损失，甚至导致无法弥补的后果。

想要做细致的工作就要树立高度负责的意识，要做到精益求精就要有严格认真的态度，还要有扎实细致的作风，这样才会有成效，才会成为名副其实的"大国工匠"。大国工匠能够在本职岗位上，将一件事情重复、用心去做，将重复完成的事情做到极致准确，做到"零误差""零次品"，保持对职业的敬畏、敢于负责任。精益求精就是要坚持高标准严要求，从细微处着手，以严谨态度对待每个细节。时刻明白重任在肩，在工作中"战战兢兢，如履薄冰"，全力以赴把每个细节都做得更好。

精益求精是一种境界，更是一种能力。能积极主动地按照标准设定长、短期目标及阶段性规划，井然有序地落到实处，让细致融进血液养成一种习惯。没有问题就无法改进，更谈不上发展进步。一丝不苟并非刻板守旧，它的着眼点就是要找出问题、解决问题。我们应该善于从自己的作品里找出问题所在，发掘问题根源，并且积极地提出了解决这一问题的良好方法，全力以赴实现"无偏差"，才有可能造就经得起群众、历史检验的实绩。

奋发向上的时代，我们应该珍惜匠心典范，吸取前进的动力，以工匠精神之能动力与创造力，激扬奋斗，成就更加辉煌的明天！

工匠打磨的每一件产品，都让生活变得更加美好

工匠精神，始于精，止于善。工匠精神传承至今，离不开工匠的精雕细琢、耐心打磨。耐心打磨，是每位工匠的必修课。在耐心打磨中，工匠可以修炼自己的技能，提升自己的修养，实现自己的价值。在实现自身价值的过程中，工匠感受到内心的满足，使自己和产品使用者变得更加幸福。

耐心打磨，看起来是一个十分简单的事情，但实际上，它需要的不仅是工匠的耐心，付出时间和心血，更需要工匠淡泊名利和初心不改。在多年如一日的工作中，工匠要坚守初心以抵抗外界的种种诱惑，全身心投入到产品中。

好莱坞巨星娜塔莉·波特曼曾和丈夫去东京一家著名寿司店吃饭，这里的寿司让她这个素食主义者都连连称赞。但她也同时发现，这家店里仅有6个座位。她十分好奇这家店铺为什么不扩大店面来招揽更多的食客。

直到后来朋友向她解释，东京很多特别好吃的饭店都很小，而且有时候只制作一种料理，因为他们要将寿司做到最好，他们不在乎数量，只注重质量，也注重在追求至善至美过程中所感受到的幸福，这种幸福既是料理师的幸福，也是食客的幸福，更是生活的幸福。

从这个小故事中不难看出，工匠精神的内涵是一种精工制作的态度，不管是哪种产品，都要对每道工序细心打磨。追求短期经济效益，"短、平、快"的粗制滥造，往往不会被市场和用户接受。

打磨产品，打磨的不只是产品，也是工匠的匠心。在打磨产品中，工匠越能沉淀下来，越能全身心投入产品中，打磨出更优质的产品，最终形成一个良性循环。

做电饭煲的，可以让煮出来的米饭晶莹剔透口感好；做保温杯的，可以让用户在任何时候任何地点喝上热水；做抽油烟机的，可以让油烟被瞬间吸走，不留余烟；做菜刀的，可以让使用者轻松省力。

这些优质产品正是工匠耐心打磨、不断优化的结果。与粗制滥造的产品相比，坚守工匠精神、打磨优良产品的道路显然更加艰难，但也是工匠唯一能走的道路。

中国电子科技集团公司第十三研究所（以下简称"十三所"）数控机床生产车间内，一台台数控铣床正在有序运行。显示屏上的字数、字母和符号所形成的指令正在有序进行，点孔、钻孔、铣平面，这些原本在铣床上普通的工件，一个个被加工成精密的零件。

从业二十余年，张志忠对自己的岗位有着清晰独特的认知——作为一名数控铣工，作为一名工匠，自己的工作不是简单的加工工作，而是时刻以工匠精神为引导，像制作工艺品一样打磨每一件产品。

秉承着精益求精打磨产品的精神，张志忠乐于创新、善于探索，曾承担多项国家级、省级关键件和难加工件的任务，并凭借着自己的专业能力解决了加工中的各种难题。

随着时代发展和需求变化，产品对技术精度有着越来越高的要求。对此，张志忠带领团队日夜攻关，深入研究分析高频波导零件加工方案。张志忠说："这是一种高精尖产品零件，它的凹槽可能会窄至0.05毫米，所用铣刀与头发丝一般粗细，技术要求极高。"

为了做到精益求精，认真打磨每一件产品，张志忠不厌其烦地一遍遍优化工艺，最终带领团队实现了高频波导加工"零"的突破，走在了行业前列。

用心一者技必良。在张志忠的带领下，他和团队所做的不仅是制造产品，更是精心打磨每件产品。

耐心打磨产品，或许需要消耗工匠一个月、两个月、半年、一年，甚至有的需要很多年。在这段时间里，工匠会感到烦躁，会想要放弃。那么，工匠为什么可以坚持多年，不轻言放弃呢？因为他们在取得每一次进步后能感到快乐，也会在取得全部成功后感受到满足，更会将优质产品销售给更多人，让用户在使用过程中感受到幸福。

让工匠精神传遍全球，期许拥有未来美好生活

工匠精神是人类创作史上的一座丰碑。中国的工匠精神可追溯至农耕文明时期，鲁班、宇文恺等匠作大师更是为优秀工匠文化的厚植与传承奠定了根基。

大象无形，大音希声。工匠精神是一个人的境界与状态，它既是一种平凡的体现，亦是一种伟大的升华。很多人认为工匠精神只是一种简单机械的重复，实际上，工匠精神代表着一个国家、一个时代的气质。它坚定、从容、踏实，渗透于每一个执着的灵魂。

"衣带渐宽终不悔"，真正具有工匠精神的那群人，他们是工匠精神的敬畏者、信仰者。他们孜孜不倦，专注于自己所做之事达到痴迷状态。他们对这个世界、对自己所做之事有着清晰的认知。在他们的价值观里，"顶天立地"是"工"，"利器入门"是"匠"，工匠者，所做的一切努力，都是为了促进世界的进步，打磨的每一件产品，都是为了让生活变得更加幸福。他们坚守着匠心，守正出奇，将工作做到极致，创造无限价值。

工匠精神镌刻着岁月沉淀下的厚重与匠人沉潜后的温情，是一种工作格调，更是一种人生态度。

在经济全球化的今天，工匠精神同样需要立足全球，开启匠心全球传播时代。全国政协经济委员会副主任马建堂曾表示："当代的工匠精神，应当是传统和创新、理念和务实、中华文明特色与世界发展大势的有机结合，是一种精益求精、细节出彩的专业精神；一种追求完美、宠辱不惊的专一精神；一种水滴石穿、久久为功的敬业精神；一种物我协调、巧夺天工的和谐精神；一种永不满足、探新求异的创新精神。"工匠精神是一种信仰，我们应该始终相信它对于改变世界有一种无法言说的力量。培育与弘扬工匠精神，让躁动的世界看到那些沉浸在自我的世界中，精耕细作、静心笃行，在一丁一卯、一丝一毫之间追求极致，创造品牌底蕴的匠人，才能极大地构筑精神文明的高台，以历久弥坚的文化内涵渗透这个世界，形成经济全球化的和谐统一。

器物有形，匠心无界。工匠精神不是工匠的专属品，不是每个人都能成为大国工匠，但是每个人都可以成为工匠精神的实践者。

于个人而言，要让工匠精神根植于心中，从心底领悟工匠精神的真谛。无论身处怎样的岗位，从事怎样的工作，都应该保持敬畏与热爱，干一行、爱一行、专一行、精一行，务实肯干、坚持不懈，培育和弘扬精益求精、一丝不苟、踏实坚守的品格，不忘初心，专注于自身领域，绝不停止追求进步。

于企业而言，践行工匠精神，绝不投机取巧，勇于创新、匠心管理，将工匠精神发展为一种企业文化，融入生产经营的每一个环节，不断专研新技术，革新新产品，用专注的精神追求品质的极致，坚守行业的标准，把控质量细节，以工匠精神引领品牌建设。

于国家而言，国家是弘扬和赓续工匠精神的支点，以当今世界科技革命与产业变革为背景，努力实施工匠精神强国战略，大力弘扬劳模精神，厚植工匠文化，把技能人才纳入人才"主力军"，增强技能人才的荣誉感、获得感、幸福感，建设知识型、技能型、创新型劳动者大军，营造劳动光荣的社会风尚和精益求精的敬业风气。

于无声处听惊雷，于无色处见繁花。无论是个人、企业还是国家，愿我们不忘初心、磨炼心性、精益求精，践行工匠精神，做到"仁、义、礼、智、信""温、良、恭、俭、让"。在历史的漫漫长河中，尽管人类有时迷茫，有时困惑，但历经淬炼，仍生生不息。当个人、企业、国家都在积极践行工匠精神，传承匠人文化，将工匠精神推向全球时，整个世界将会拥有美好生活，工匠精神的时代价值将永不褪色。

【案例链接】

老乡鸡：品质快餐是这样炼成的

与具备完善标准化体系的西式快餐不同，由于原料多样、工艺复杂等因素，标准化一直是中式快餐发展的阻力。中式快餐要进入发展的快车道，品质是制胜关键。中式快餐要完成新一轮的品质升级，保持快餐品质的稳定度，打造"千份快餐同一品质"硬实力。老乡鸡，作为国内知名的中式快餐品牌，始终坚守品质，老乡鸡创始人束从轩曾说："老乡鸡的发展离不开'工匠精神'"。

提及"工匠精神"，人们想到的多是制造领域的技能大师，然而，各行各业都离不开工匠精神。正如《舌尖上的中国》所描述的一般，一道美食历经多年的传承，经过数十道工序，厨师精心地烹调，这便是"工匠精神"在一道菜中的体现。老乡鸡始终坚持"把当下的事情做到极致，把产品做到极致"的工匠精神，40多年养好一只鸡。这也成为老乡鸡近几年快速发展、在同行业具有独一无二竞争力的根源。

一生只围绕一件事转

1982年，在安徽肥西县，束从轩从养殖1000只土鸡起家，2003年，"肥西老母鸡"快餐店在安徽省合肥市开业；2012年，快餐店进行品牌升级，改名为"老乡鸡"，此刻的老乡鸡门店已突破100家；2016年，老乡鸡进驻南京、武汉，门店突破400家；截至2022年，老乡鸡在全国已经有超千家直营店。老乡鸡如此高速发展的背后，是其创始人束从轩步步为营，从养殖到餐饮，从一介布衣到成功企业家，秉承凡事彻底的匠人精神，在养鸡上做到专注、极致，以保证老乡鸡产品的品质。

"从肥东到肥西，抓了一只老母鸡。"这是20世纪80年代合肥市最流行的顺口溜。肥西老母鸡是中国土鸡的代表，刚从部队复员回到老家的束从轩，为了让家中的生活更有保障，便将"主意"打到了养殖业上。

束从轩在与父母商议后，拿着父母给他的1800元，买了1000只肥西老母鸡，从此开始了长达40年的养鸡之路。其实，当时大多数的养殖户都选择饲养白羽鸡，肥西老母鸡相较于白羽鸡，饲养时间长，成本较高，但束从轩依然坚定选择口感更好、营养价值更高的本地土鸡。就这样，束从轩为了照顾好买来的鸡崽，每天起早贪黑，几乎住在了鸡棚，醒得比鸡早，吃得没鸡好。斗转星移，鸡崽长成了老母鸡，束从轩也从一个养鸡门外汉，成为一名养鸡专家。

正是在养鸡上多年的专注和用心，使得束从轩练就了一项特殊的本领——他竟然能听懂"鸡语"。"蒙住我的眼睛从鸡舍走一遍，我可以知道这个鸡大概有多大，怎么听出来的呢？大鸡与小鸡走路的声音肯定是不一样的。这个鸡是冷了还是热了，是渴了还是饿了，是有病还是健康，叫声又不一样。作为一个动物，鸡一样会表达一些感情。比如说，母鸡下蛋，会感觉到高兴，它会拼命地叫，要炫耀。"对于别人而言，这是一种令人感到神奇的本领，但对于束从轩而言，这是他用心去观察，用心对待每一只鸡，在长时间的坚守与付出中形成的一种习惯与本能。

1999 年，一个偶然的机会，束从轩收到了一份快餐行业的培训邀请。他带着团队，学习了三天，第一次了解快餐和连锁经营行业。束从轩下定决心，进军快餐行业，做中式快餐。养鸡，束从轩是专业的；开店，束从轩是个门外汉。

在培训中，束从轩了解到，快餐店都是通过《经营手册》来运营的。于是，束从轩白天养鸡，晚上熬夜写手册。想要开店，就要有一道特色招牌菜，束从轩凭借多年养鸡经验，发现养足 180 天的肥西老母鸡，特别适合熬汤，于是他决定将"肥西老母鸡汤"作为主打菜。为了研制出新鲜好喝的鸡汤，束从轩几乎泡在了厨房里，鸡汤更是喝到吐，连他家的两个孩子听到"鸡汤"两个字都想逃跑。一遍一遍地熬制，一次一次地尝试，就在束从轩尝鸡汤尝得几乎要丧失味觉的时候，他喝到了想要的味道。

束从轩知道，这碗鸡汤，算是熬成功了！

合肥市有一句话很出名：从肥东到肥西，买了一只老母鸡。某种程度上来说，肥西老母鸡成了合肥市的代名词，于是，束从轩用"肥西老母鸡"做了店名。

2003 年，在合肥市的舒城路，束从轩的第一家"肥西老母鸡"店开业了。

束从轩曾说过："一个人一生围着地球乱转，到老没有一件事情围绕你转；一生只围绕一件事情转，到老地球都围绕你转。"正是因为有了这样的信念，束从轩一只鸡"养"了 34 年。从束从轩的身上，我们可以看到一种企业家独有的工匠精神，他追求极致，对待一件事专注且专业，他始终坚守着精益求精、追求极致的匠心精神，终其一生，一以贯之。正是这种一辈子专注一件事的精神，支撑着束从轩在餐饮行业打造出一个全国性品牌。

品质快餐，开辟峥嵘之道

他山之石，可以攻玉。以养土鸡起家，到实现从养殖到餐桌的全产业链模式，老乡鸡，以中式快餐为特色，发展速度之快，一碗鸡汤一年可以卖出3000多万份，赢得良好市场声誉，"好吃干净，品质放心"是每一位去过老乡鸡店里的顾客为其树起的最好的口碑。

中式快餐很难实现肯德基、麦当劳这一类西式快餐的标准化体系，但做不到标准化，就难以维持品质的稳定性。束从轩从开第一家门店起，就一直在琢磨如何让中式快餐做到标准化，保证服务与产品的质量，并为此制定了6本操作手册。2009年，束从轩建造了一个现代化的中心厨房，从流程上控制食品安全问题，从技术上解决了中式快餐口味不稳定的难题。标准化管理加快了中式快餐店的发展。之后，老乡鸡中央厨房被商务部列为重点项目。

食材的品质是餐饮品牌生存的根基。"打造一个快餐品牌，最重要的是要好吃，因此老乡鸡致力于打造极致的产品。"在束从轩看来，产品才是餐饮企业的根基，老乡鸡在产品开发和质量控制方面投入了大量的精力、人力和财力。

如何去打造极致的产品呢？老乡鸡以土鸡为主打产品，实行的是自育自养自宰自烹一体化全产业链模式：养殖基地—中央厨房—冷链物流—餐厅烹制全程运营，保证菜品的新鲜、安全与品质；与李锦记、中粮、金龙鱼、农夫山泉等一线品牌战略合作，保证每一口菜品顾客都吃得干净放心。

一、全产业链确保原材料品质

老乡鸡从实践中摸索出两段式饲养的方法，实现对供应链的深度把控，保证鸡的质量。

第一阶段，公司向农户提供鸡苗、疫苗、培养和技术服务，农户散养120天；第二阶段，公司将成鸡收回，再饲养60天，进行药残、疾病检查和育肥。

采用两段式饲养，老乡鸡完成了对鸡的品种、防疫程序的控制，保证了鸡的质量，使鸡从鸡苗到中心厨房宰杀，每个品控环节都掌握在自己手上，食品安全可控性高；同时也保证了货源的供应。

二、中央厨房标准化加工确保产品口味

老乡鸡拥有现代化的食品加工中心，该中心具有家禽屠宰区、精加工区、农副产品加工区、仓储物流区及在建项目热烹饪区 5 大功能区，占地 120 亩，是老乡鸡全国 1000 多家餐厅加工、研发、配送的枢纽。

生鸡屠宰采用自动化屠宰线作业，合格的毛鸡被送往加工中心，经过挂鸡、电麻、宰杀、沥血、浸烫、脱毛、净膛、预冷等程序后，经检验员抽样检验，检验合格进入冷库储存。

原料精加工部分即中央厨房，其功能是将原料加工成半成品，供餐厅使用。与绝大多数中式快餐不同的是，老乡鸡餐厅所有菜品均使用生制半成品加工而成，在解决产品标准化的同时，也解决了因标准化牺牲口味的缺点，做到了更适合国民的口味设计和健康搭配。

三、恒温冷链物流配送确保食品安全

老乡鸡配有 4000 吨冷库一座以及与之匹配的恒温冷链物流车队，确保食品加工中心产成品安全。全过程恒温冷链物流可以避免温度波动，品质下降，这要求做好每一个细节，实现对温度的全过程控制。

首先，老乡鸡的冷库门与货车的车厢门实现了无缝对接，有限避免了温度的波动；

其次，每台车辆车厢内均安装了温度记录仪，对车辆从中央厨房到餐厅进行温度监控，如果温度出现波动，产品将一律报废处理；

最后，每个餐厅均设有冷库，保存送来的原料，同时又配备了冰箱，储存 4 小时内需要使用的产品，避免经常打开冷库，致使温度上升，增加食品安全风险。

四、餐厅末位淘汰制考核加强品质控制

老乡鸡餐厅的管理有一整套营运管理体系，包括《食品安全》和《生产体系》等多本共计数千页的管理流程规范，涉及餐厅清洁卫生、品质控制、食品安全等各个方面。

1. 餐厅人员经老乡鸡管理学院理论培训和店面实际操作训练，考核合格方可上岗；

2. 餐厅严格控制操作环境卫生，在做好各方面消毒工作的同时，每天还要求使用紫外灯对操作间杀菌三次，并记录在案；

3. 顾客食用的所有菜品均由餐厅现场蒸制，餐厅遵循生产计划，严格按照产品操作标准进行。例如，老乡鸡招牌菜品肥西老母鸡汤便是在餐厅精心炖制90分钟而成；

4. 餐厅使用智能化蒸制设备，从蒸制时间、火候把控等多方面保证产品品质；

5. 餐厅出售的所有菜品均设定保存时间，一般不超过90分钟，最少的30分钟，超过就要报废，并登记在报废表上。

好喝的汤来自对品质的高要求。几十年来，老乡鸡的供应链也不断迭代，从养殖、原料甄选采购到食品加工、冷链物流配送，再到现场烹饪，把每一个环节的品控都安排得明明白白，让每一口饭菜都吃得稳稳当当。这就是老乡鸡成为中式快餐领先品牌的底气。

品质快餐是怎样炼成的？品质快餐就是这样炼成的。从创始人到员工，从原材料到成品，老乡鸡一直在自己主打的产业、产品上，专注且极致。"踏踏实实地做好餐饮。把饭菜做好，把服务做好，仅此而已。"这是束从轩一直以来的初心。"养了40年鸡，熬了20年汤"，老乡鸡几十年来在餐饮行业深耕细作，精益求精，注重快餐品质，始终保持创新实干的精神状态，一步步发展到现在的规模，走向成功，这就是工匠精神、工匠品质。

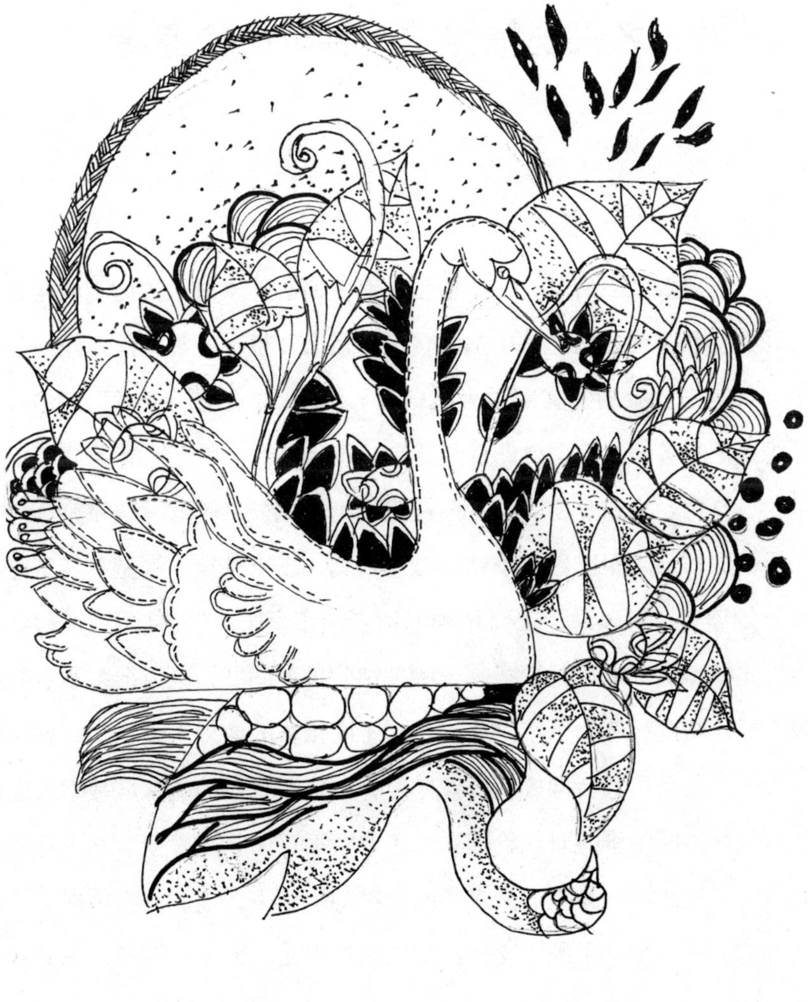

后 序
做一名工匠精神"火种"的传递者

人的一生总要做点有意义、有价值、有使命感的事情，传播工匠精神十年的时间里，我感受到做这件事情的责任与使命，也享受着传播工匠精神带来的幸福与美好。我的师父邹越教授曾教导我说："守永，传播工匠精神是一件功德无量的事，国家需要，企业需要，社会需要，你要坚持传播下去。"

华为、格力、海尔、方太、中航控股、上海电气、美的、胖东来、海底捞、西贝莜面村、阿里巴巴、小罐茶、老乡鸡、小米科技等都是我《工匠精神》一书的读者。可以说，工匠精神的读者遍布全国各地，涉及各行各业。我的《工匠精神》一书还是很多大学图书馆的推荐图书，以及很多职业院校的学习教材。在此，感谢十年来所有传播工匠精神的各界人士，工匠精神的粉丝读者，以及邀请我授课的企事业单位，更感谢我们的国家从战略层面出发，不断强化工匠精神的时代价值。我还要特别感谢胖东来董事长于东来先生、北京宏昆集团陈芳先生、贵港华隆超市刘端先生，他们在我传播与实践工匠精神的道路上给予了鼎力支持。要感谢的人还有很多、很多，我会永记在心！

十年再出发，我真心希望联合更多力量，推动工匠精神深入、持续传播，让工匠精神赋能中国智造、中国服务、中国品质。一个人的力量总是单薄的，有限的，我呼吁更多有志之士加入传播工匠精神的队伍中。我们可以通过读书会、分享会、标杆企业参访等形式，让工匠精神可读、可见、可落地。我也希望自己能走进更多企业、职业院校，进行工匠精神专题讲座，为企业、事业单位的人才培养注入"工匠精神"。在实现社会主义现代化强国的征程上，我们都是参与者、建设者，人才强企，品质强国，让工匠精神成为永不熄灭的火种。

十年再出发，我将继续做一名"工匠精神"的传播者，一名永不熄灭的"火种"的传递者，让更多人、更多企业受益于工匠精神。我也希望更多人成为"工匠精神火种"的传递者，我们一起传播工匠精神，富强我们的祖国！

欢迎加入工匠精神"火种计划"。

人因为活得有价值，才会感受到活着的意义；人因为活得受尊重，才会感受到活着的幸福；人因为活得很高尚，才会感受到活着的美好。用"大我"格局活出"小我"的精彩，用"利他"之心活出"利己"之美，用"社会价值"实现"自我价值"的升华！人持续不断前行的动力源于"爱"，爱决定着我们的生命品质，爱左右着我们的职业状态，爱影响着我们的生活质量。爱是有重量的，爱是有等级的，爱是有长度的，如果把爱放在天平上来称重的话，当爱的一边增加了，所有你想要的都会倾斜过来；当爱减少了，所有你想要的都会离开，所以爱不增加，一切都不会有根本性的改变！

做一名工匠精神"火种"的传递者，你就是"爱的使者"，让我们一起创造爱，传递爱，分享爱。以热爱战胜恐惧，以酷爱向下扎根，以笃爱激活心力，以喜爱幸福生长，以仁爱赢得世界！

做一名工匠精神"火种"的传递者，时代召唤，使命驱动！

做一名工匠精神"火种"的传递者，因爱行动，让爱散发！

做一名工匠精神"火种"的传递者，助人为乐，成人达己！